JN231543

RPAツールで業務改善!

UiPath（ユーアイパス）入門

基本編

●UiPath Community Edition(2018.4)対応●

activity
designer
property
sequence
flow chart
recording
project
selector
workflow
scope
transaction
counter

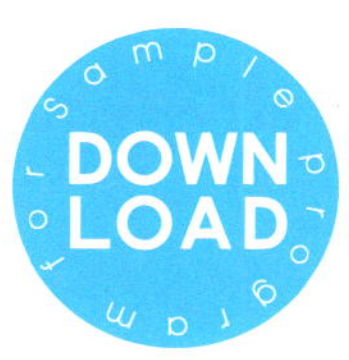

小笠原種高・天野きいろ 著
UiPath株式会社 監修

秀和システム

本書の内容について、UiPath株式会社にお問い合わせしないでください。

本書の前提

本書の執筆/編集にあたり、下記のソフトウェアを使用いたしました。

・UiPath Studio v2018.4

上記ソフトウェアを、Windows 10上で動作させています。よって、Windowsのほかのバージョンを使用されている場合、掲載されている画面表示と違うことがありますが、操作手順については、問題なく進めることができます。

注意

(1) 本書は著者が独自に調査した結果を出版したものです。
(2) 本書は内容に万全を期して作成しましたが、万一、ご不審な点や誤り、記載漏れなどお気づきの点がありましたら、お手数をおかけしますが出版元まで書面にてご連絡ください。
(3) 本書の内容に関して運用した結果の影響については、上記にかかわらず責任を負いかねますので、あらかじめご了承ください。
(4) 本書およびソフトウェアの内容に関しては、将来、予告なしに変更されることがあります。
(5) 本書の例に登場する名前、データ等は特に明記しない限り、架空のものです。
(6) 本書およびソフトウェアの一部または全部を出版元から文書による許諾を得ずに複製することは禁じられています。

商標

(1) Microsoft、Windowsの各ロゴは、米国および他の国におけるMicrosoft Corporationの商標または登録商標です。
(2) その他、社名および商品名、システム名称などは、一般に各社の商標または登録商標です。
(3) 本文中では、©マーク、®マーク、™マークは省略し、また一般に使われている通称を用いている場合があります。

はじめに

みなさんは、**RPA**（Robotic Process Automation）という言葉をご存じでしょうか。RPAとは、主にデスクワークの業務をロボットに代行させ、効率を上げるという考え方です。**働き方改革**のキーになるとも言われています。

本書は、RPAを導入するのに最も適切なツールの1つ、**UiPath**（ユーアイパス）について解説した本です。UiPathは非常に多機能で、小規模ユーザー向けに無期限に無償で使用できるCommunity Editionも用意されています。

また、やりたい操作をドラッグ＆ドロップしたり、マウスでつなげるだけで自動化できるため、専門的な知識がなくとも、RPAを導入できることも魅力の1つです。

こうした仕事を便利にするツールを導入する時に、少し不安になる方もいらっしゃるかもしれません。なぜなら、新しく何かをするには、必ず勉強が必要だからです。いま抱えてる仕事だけでも多く、余計に勉強する暇などないと、悩んでいる人もいるかもしれないですね。

「なんだか難しそうだから、とりあえず手が空いた時にでも」と思うかもしれません。

しかし、現在、日常的に忙しいのであれば、この仕事スタイルを続けている限り「手の空いた時など来ない」と考えるべきです。

少し思い返してみてください。前回、手が空いて何か勉強をしたのはいつでしょうか。それは、1年以内にあったでしょうか。通勤時間や隙間の時間ではなく、しっかりした時間は取れたでしょうか。

UiPathはそんなに難しくありません。「時間がないな」と。感じているあなたにこそ向いています。

なぜなら、UiPathを使いこなせるようになれば、確実にあなたの仕事をサポートし、ストレスと残業時間を減らしてくれるからです。使えば使うほど、あなたの時間を作ってくれるのがUiPathです。

そんなうまい話があるかと疑う前に、本書を少しパラパラとめくり、試してみてください。「あれっこんなこと自動化できるんだ！」と気づく頃には、UiPathは頼もしい味方になっていることでしょう。

2019年3月

小笠原種高・天野きいろ

目次

Chapter 7　UiPathで自社の仕事を改革しよう　181

Column目次

●登場キャラクター

わんわん先生

この道35年のベテランプログラマー。パソコン黎明期から開発しているので、設計からインフラまですべてをこなす。客先対応はちょっと苦手だが、朴訥とした人柄が後輩には慕われている。好きな食べ物はホウレン草のおひたし。

最近は、体力的にきつくなってきたので、プログラミングより、サーバーの準備や保守の方が気楽で良いなと思っているが、ついつい頼られると炎上案件を手伝ってしまう毎日。

瀬戸君

外食産業で5年間働いた後、興味のあったIT関連の会社に転職。プログラミングはほとんどわからないが、持ち前の几帳面さでSE業務に奮闘中。

永遠に続くガントチャートの変更作業に、若干へこんでいるが、新しい技術を習得することが楽しくなってきたお年頃。

業務で何か困った時には、わんわん先生に聞けばすべて解決すると思っているが、あながち間違いでもない。

●サンプルプログラムのダウンロード

本書で使用しているいくつかのプログラムは、秀和システムのホームページからダウンロードすることができます。以下の方法でデータをダウンロードしてください。

また、サンプルプログラムの使い方は、198ページをご参照ください。

❶Webブラウザーで本書のサポートサイト（https://www.shuwasystem.co.jp/support/7980html/5712.html）に接続します。

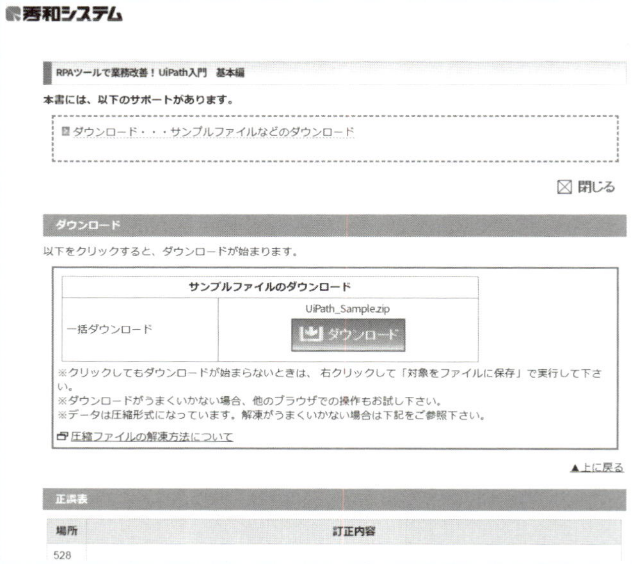

秀和システム

RPAツールで業務改善！UiPath入門　基本編

本書には、以下のサポートがあります。

ダウンロード・・・サンプルファイルなどのダウンロード

閉じる

ダウンロード

以下をクリックすると、ダウンロードが始まります。

サンプルファイルのダウンロード	
一括ダウンロード	UiPath_Sample.zip ダウンロード

※クリックしてもダウンロードが始まらないときは、右クリックして「対象をファイルに保存」で実行して下さい。
※ダウンロードがうまくいかない場合、他のブラウザでの操作もお試し下さい。
※データは圧縮形式になっています。解凍がうまくいかない場合は下記をご参照下さい。

圧縮ファイルの解凍方法について

▲上に戻る

正誤表

場所	訂正内容
528	

❷［ダウンロード］ボタンをクリックして、ダウンロードします。

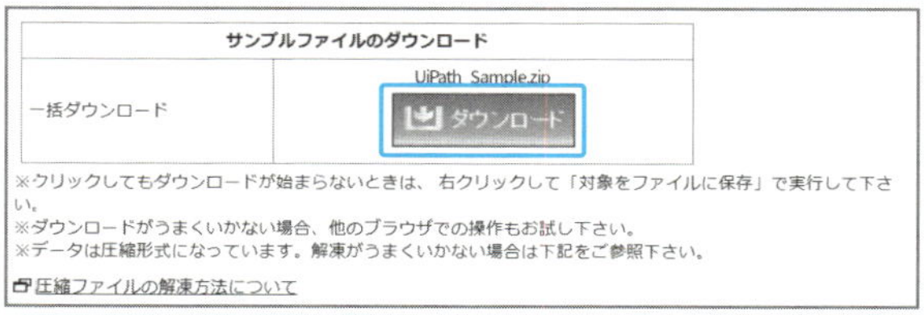

サンプルファイルのダウンロード	
一括ダウンロード	UiPath_Sample.zip ダウンロード

※クリックしてもダウンロードが始まらないときは、右クリックして「対象をファイルに保存」で実行して下さい。
※ダウンロードがうまくいかない場合、他のブラウザでの操作もお試し下さい。
※データは圧縮形式になっています。解凍がうまくいかない場合は下記をご参照下さい。

圧縮ファイルの解凍方法について

■注意

ダウンロードできるデータは著作権法により保護されており、個人の練習目的のためにのみ使用できます。著作者の許可なくネットワークなどへの配布はできません。

また、ホームページ内の内容やデザインは予告なく変更されることがあります。

Chapter 1

RPAの基礎

今、話題のRPAとは

最近、RPAという言葉を聞きます。どのようなものなのでしょうか？

RPAは、働き方改革のカギになると言われています！

皆さんは、RPAという言葉を聞いたことがあるでしょうか？　RPAは働き方改革のカギになると言われ、デスクワークの業務をロボットに代行させる考え方です。

●話題のRPAとは何か

　皆さんは、**RPA**（アールピーエー）という言葉をご存じでしょうか。RPAは、**Robotic Process Automation**（ロボティック・プロセス・オートメーション）の略で、主に「**デスクワークの業務をロボットに代行させ、効率化を図る**」という考え方です。**働き方改革**のカギになるとも言われています。

　ロボット！　なんだか未来的ですね！　鉄人28号では大きすぎますが、アトムやドラえもんが職場にいて、何か作業をしてくれるとなると素晴らしい環境に思えます。

　ただし、残念ながら、ここで言うロボットは人型をしていません。ロボットというと、人型のものをイメージしますが、ロボットは「人の代わりに自立的に作業するもの」を指すため、必ずしも人型とは限らないのです。

　あまり知られていませんが、ロボットは、各地の工場などで多く活躍しています。日本は、ロボットで溢れかえっていると言っても過言ではないのです。こうした産業用ロボットのほとんどが人型をしておらず、アーム（腕）の形をしていたり、ただの箱形であったりします（いわゆる「足は飾り」というアレです）。

　では、RPAとは工場にあるようなロボットを職場に導入するという話なのでしょうか？　それも違います。ロボットと言っても、必ずしも物理的なアームやパーツが付いているとは限らないのです。

　RPAで作業を代わりにやってくれるロボットは、**デジタルレイバー**＊とも呼ばれる**コンピュータープログラム**＊です。

　人がオフィスで行うデスクワークには、作業的なものが数多くあります。そのような単純作業や、機械的な作業をデジタルレイバーに肩代わりしてもらうのです。

＊**デジタルレイバー**　Digital Labor。要は、デジタルな労働者という意味。
＊**コンピュータープログラム**　パソコン上で動くようなRPAを厳密には、RDA（Robotic Desktop Automation）と言う。

RPAのロボットは人型をしていない

●ロボットってお高いんじゃないの？！

ロボットやデジタルレイバーという言葉から、なんだか「値段が高そう」な感じがしますね。単純作業と言っても、人の仕事を代わりにやってくれるのですから、ロボットの横綱のような「すごいコンピューター」がやって来そうです。

確かに、デジタルレイバーの中には「すごいコンピューター」もありますが、**自分で作成できるもの**もあります。やれることも規模もさまざまなのです。

「自分で作成できるもの」が本当に仕事に役に立つのかと思われるかもしれませんが、今日の自分の仕事を少し思い返してみてください。仕事にはベテランが頭を使わなければならない仕事もありますが、入社したばかりの新人にも頼める仕事があるはずです。

あなたが新人に仕事をお願いする時、そんなに難しいことを頼むでしょうか。まずは誰でもできるような雑用からお願いするはずです。自作のデジタルレイバーにも同じように、**簡単な雑用**からお願いすればいいのです。

たとえば、交通費をまとめて算出したり、今月の注文をまとめて請求書に起こしたり、Excelのデータを業務システムにコピー＆ペーストしたりなど、**少し手間が必要で、面倒くさいなと思っているような仕事**はないでしょうか。

このような仕事は、デジタルレイバーの得意とするところですから、やってもらいましょう。デジタルレイバーは、簡単なことから難しいことまで、いろいろやれることの段階がありますが、まずは簡単なことからやらせてみるとよいでしょう。

もし、難しいことをデジタルレイバーにやらせたい場合は、開発会社に頼む方法もあります。ただ、開発会社に頼む場合でも、デジタルレイバーがどのようなものかよく知っておくかどうかで、発注の仕方も変わってきます。知るためには、自分で作ってみるのが一番です！

●自分で作るなんて、難しそう！

「自分で作る」という言葉を見て、少しためらった人もいるかもしれませんね。職場の業務用ツールで「自分で作る」といえば、ExcelのVBAマクロや、Microsoft Accessが有名です。「これらが便利である」という噂を聞きつけて、挑戦したものの、挫折した人もいるかもしれません。

しかし、RPAの中には、視覚的に操作でき、プログラミングやマクロの経験がなくても**簡単に作成できるソフトウェア**が多く出ています。**専門知識は必要ない**のです。こうしたソフトウェアを使えば、素人でも簡単にデジタルレイバーを作成することができます。

マクロやアクセスに挫折した人でも簡単に作成できるソフトウェアがある

「でも、なんだか面倒くさいなあ……」と尻込みしたあなた！　面倒な気持ちは、わかります。ただでさえ仕事が忙しく、「これをやったら便利なんだよね」とわかっている業務もなかなか手をつけられない人も多いでしょう。業務に必要な勉強もできておらず、そういうものが終わって、「手のあいた時にね」などと思うかもしれません。

しかし、現在の日本は、少子化に加え、就職氷河期の影響から会社の中に人材が少なくなっています。昔は会社に入ってから、会社で人を育てたものですが、今ではそのような余裕もだんだんなくなってきています。

このような状況では、職場に人材が補給され、あなたの忙しさが楽になるような日はまず来ません。「手のあいた時にね」などという時間は来ないのです。

ただ、残業を続ける生活では、身体を壊しますし、心も荒んでいきます。自分が全部やればいいというわけにはいかないのです。ですから、人を増やしませんか。

「そんなことを言ったって、さっき『人は増えない』とお前が言ったんじゃないか！」とお怒りでしょうが、何も増やす人というのは生身の人間である必要はないのです。ロボットを増やしましょう！

RPAが働き方改革の大きな武器になると言われているのが、この点です。労働人口が減り続けている日本で、「確実に増やせる人」というのはロボットなのです。「手のあいた時に勉強して」導入するのでは、いつまで経っても、導入できる日は来ません。むしろ、**「手をあけるために」導入するのがRPA**なのです。

さあ、腹をくくって、RPAの扉を開けようじゃありませんか！

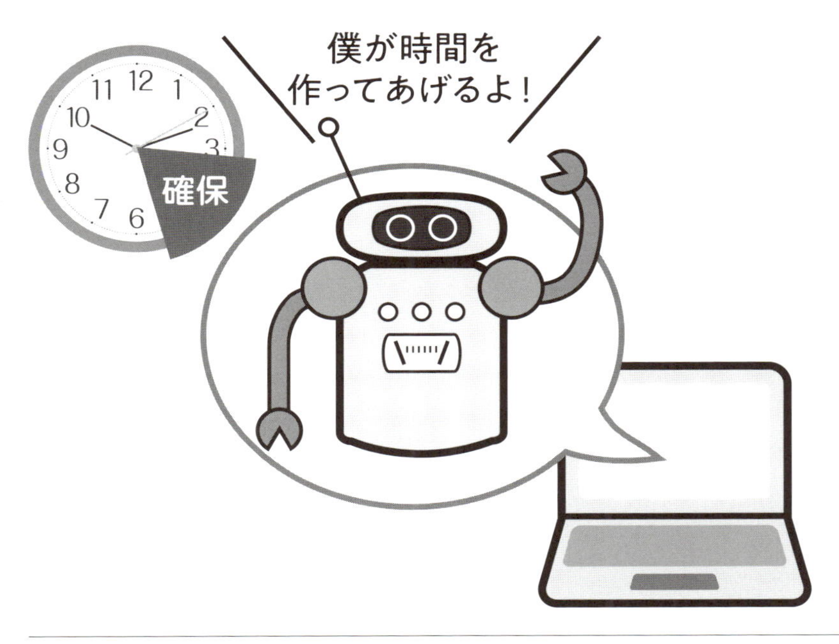

デジタルレイバーが時間を作ってくれる

2 RPAで何ができるのか

RPAを導入しようと考えた際に、デジタルレイバーに何を任せるのかを検討しなければなりません。デジタルレイバーは一体、何ができるのでしょうか。

●RPAで何ができるのか

デジタルレイバーは、何ができるのでしょうか。「デジタルレイバーに任せる」と決めたところで、何ができるかわからなければ、任せることはできません。

先ほど新人に仕事を頼む例を挙げましたが、ここでも新人を例に考えてみましょう。新人に仕事を頼む時、あなたは高度な判断をしなければならないことを頼むのでしょうか。どうしても現場が人手不足で、バイトから正社員になったような新人だったら頼むかもしれませんが、普通に考えたら、多くの人は難しい判断を頼まないと思います。

新人には**手順がしっかり決まっている作業**や、**わかりやすい単純作業**、さらには**繰り返し作業**を難しい判断を頼むのではないでしょうか。

実は、デジタルレイバーも同じです。デジタルレイバーは、高度な判断をすることはできません。しかし、単純作業や繰り返し作業のようなもの、手順が決まっている作業は、**ミスなく**、**速く**、**休憩せず**に実行できます。

特に「速く」という意味では、人間とは比べものにならないスピードで処理します。具体的には、パソコン上で動くプログラムですから、パソコンで処理するようなものは得意です。ブラウザーで検索した結果をWordやExcelにまとめたり、複数のWordやExcelファイルから新しいファイルを作成することもできます。もちろん、Officeソフトだけでなく、ほかのアプリケーションや会社で独自に発注した業務システムなども操作することができます。

●RPAで正確にできるのか

「そんなに、いろいろな操作を覚えられるかな？」と不安になる必要はありません。RPAを導入するには、**RPAツール**を使ってデジタルレイバーへの命令を作成します。

デジタルレイバーは、Excelのマクロに似ていて、最初にするべき処理を登録し、使う時にはそれを実行するだけです。つまり、使う側の人は、**使う条件**と、**実行する方法**さえ知っておけばいいのです。

登録の方法も簡単です。多くのRPAツールでは、視覚的に操作ができますし、特殊な知識は必要ありません。

ツールによっては、まず人間が「ここをクリック」「ここに文字を入力」のように操作をしてみせて、それをそっくり登録してしまうこともできます。

社内でデジタルレイバーへの命令を作成するとなると、頭でっかちなものを作られて誰も使えないという不安もあるでしょう。しかし、デジタルレイバーへの命令を作成するには専門知識は必要ないので、パソコンにあまり詳しくない人が作成に参加することができます。ここも大きな特徴です。パソコンに詳しい人だけが作るものではなく、**職場のみんなで意見を出しながら作ればよい**のです。

人間がパソコンで行う操作を代行するもの

Chapter 1

3 RPAを使うためには

デジタルレイバーは、便利そうですね！
使ってみたくなってきました

社内のマクロや書類整理の達人と組むと、
さらに使いやすくなりますよ！

デジタルレイバーは、それ単体だけで使うのではなく、マクロと組み合わせたり、入力デバイスや出力デバイスと組み合わせると、さらに活躍の場が広がります。

●RPAでできること

RPAは、人間のやっているパソコンでの作業をデジタルレイバーが肩代わりする考え方です。ですから、**RPAによって自動化が図れる業務**は、数多くあります。

Office製品やブラウザー、業務アプリケーションなど、Windows上のさまざまなソフトウェアを操作できますから、請求書の発行業務、顧客からの問い合わせ管理、定期的にWebサイトを検索して結果を集計、在庫管理や伝票の記入、顧客へのダイレクトメッセージ自動発行など、使い方はアイデア次第です。

またパソコンを使って仕事をするということは、パソコンの入力や出力の自動操作を組み合わせると、さらに可能性が広がるということです。

たとえば、QRコードやNFCタグ*やバーコードリーダーなどと組み合わせ、入力を簡単に実現し、その処理をデジタルレイバーで自動的に処理することもできます。また、複数あるファイルの中から特定のファイルに特定の単語を入れて自動的に印刷させたりもできます。

要は、RPAは「人がパソコンで行う操作を代行するもの」と考えると、非常にわかりやすいので、可能性は無限大です。

＊**NFCタグ**　無線でデータを読み取れるチップ。シール状のものが市販されている。

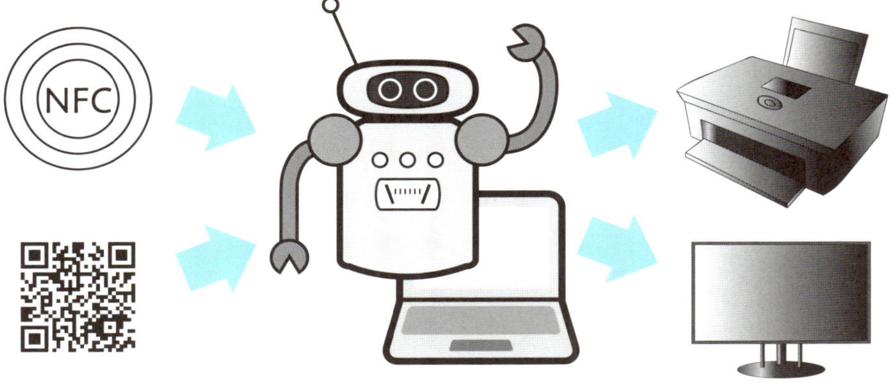

組み合わせ次第で可能性は無限大

●マクロとの違い

そろそろ、**マクロ**との違いも気になっている人もいるかもしれませんね。マクロとの大きな違いは、**実行できる範囲の違い**です。マクロは主にExcelなどのOfficeソフト上で動きますが、デジタルレイバーはパソコン上の操作ができます。ですから、マクロではできないようなことを、デジタルレイバーは行えます。

では、デジタルレイバーは、マクロの上位互換かと言うと、それもまた違います。マクロは、歴史のあるプログラム言語です。細かいOfficeの操作はマクロでやってしまったほうが早かったり、簡単だったりしますから、お互いの得意分野を使いながら、上手く組み合わせていくといいでしょう。

ですから社内に、もしマクロの達人がいるのであれば、むしろその達人と相談しながらやっていくのが、業務の効率化としては望ましい方向です。

お互いの得意分野を上手く使い分ける

●書類処理の得意な人を引き込め！

また社内に書類の処理が得意な人がいるかもしれません。こうした人もRPAのデジタルレイバーへの命令を作成するのに大きな戦力となります。

「作業の速い人」は、作業のことをよく知っています。手を動かすのが速いという面もありますが、それ以上に作業のことを知っているので、効率的に動くことができるのです。デジタルレイバーへの命令を作成するためには、**効率的に作業を分解する**という考え方が大変重要になってきます。

一見、デジタルレイバーを導入することが、そうした業務を得意とする人と対立するように思えるかもしれませんが、むしろ逆です。

そうした人とはガッツリ、タッグを組んでやっていくとよいでしょう。

●新人が早く帰るのはよくないのか

このくらいのレベルの作業であれば、「新人に任せたほうが早い」という考え方もあります。

しかし、前述したように、新人はいつまでも確保できるとは限りません。また業務を覚えてもらうために、いくつかの単純作業をしてもらうのはよい方法ですが、それに追われて、本来するべきことや、やっておいたほうがよいことが、疎かになってはいけません。

デジタルレイバーで、確かに新人の仕事の負担は減るでしょう。しかし、それは新人を楽にさせるのではなく、「新人に、もっと重要な別の仕事を与えられる」ということなのです。

マクロにも言えることですが、効率よく仕事をすると、「楽はよくない」という考え方をする人がいます。

確かに、人が多かった時代であれば、それでも会社は回ったかもしれませんが、今はそんなことを言っていられる時代ではありません。少しでもデジタルレイバーにやらせることができる仕事はデジタルレイバーに任せ、人間は人間しかできない仕事をやっていくべきなのです。

新人が早く帰れることは、素晴らしいではありませんか！　負担が減った分、新人には業界のことや、会社のことをいろいろ勉強してもらい、早く戦力になってもらいましょう！

4 RPA導入で会社はこう変わる

デジタルレイバーを導入すると、職場はどのように変わりますか？

新人さんだけでなく、管理職の仕事も楽になりますよ！

デジタルレイバーを導入すると、職場環境は大きく改善されます。その影響は、社内のさまざまな部署に及びます。

●職場はどのように変わるのか

デジタルレイバーの導入で、職場はどのように変わるのでしょうか。

先ほど新人が早く帰れるようになるというお話をしましたが、おそらく**一番効果があるのは管理職**でしょう。

「管理職は、単純作業や繰り返し作業などはしないから関係がない」と思われるかもしれませんが、そうではありません。「新人の仕事が減る」ということは、新人にほかの仕事を任せられるということです。そして、新人に仕事を任せた分だけ、新人の少し上の人たちの仕事が減ります。少し上の人たちの仕事が減れば、さらにその上の人たちの仕事を……。ここまで言えば、わかりますね。

誰かの仕事が減るということは、その人に仕事を手伝ってもらえ、結果的に自分の仕事が減っていくということなのです。これぞ、皆が楽になる**手伝いの連鎖**です！

RPAは、管理職のすべての仕事をいきなり代行できませんが、「管理職の仕事を手伝ってもらえる人」は、会社の中にいます。その人の仕事を減らして管理職の仕事を手伝ってもらいましょう。そしてその人の仕事は新人やデジタルレイバーによって減らすのです。

また、デジタルレイバーが代行するのは、新人の仕事だけではありません。ベテランの事務仕事や、経理の仕事、在庫管理の仕事なども肩代わりしてくれます。管理職の仕事であっても、手伝ってくれるものがあります。

一見、管理職は、高度な判断をするだけの仕事のようですが、実はそうではありません。単純作業や、繰り返し作業も多く含まれています。

何かについて承認するという場合に、その内容をよく読むことはもちろんのこと、調べものをしたり、確認したりします。承認のハンコ１つ押すにも、プリントアウトや、業務システムでの操作が必要になります。

デジタルレイバーはこうした作業を、お膳立てすることも得意です。管理職は、デジタルレイバーにも、デジタルレイバーによって手のあいた部下にも、手伝ってもらえて2倍楽に！　ですから、管理職が最も効果があるのです。自分の仕事を減らすだけでなく、部下の仕事も減らしてくれることによって、無駄な残業が減っていきます。

どうですか？　一番、得をするのは管理職でしょう？

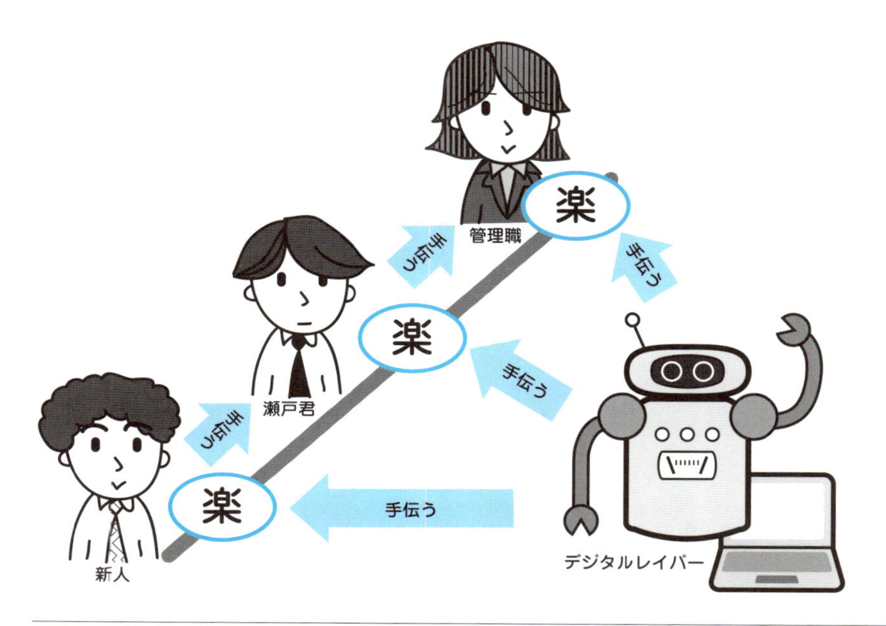

みんなが楽になる「手伝い」の連鎖

●コンサルタントや開発会社に丸投げしたい

RPAに、いろいろな作業をやらせてみたいと思っても、少し難しそうだから**コンサルタントや開発会社に丸投げしたい**という要望もあるでしょう。

もし、コンサルや開発会社に頼む場合でも、まったくわかっていなければ要望を上手く伝えられません。

相手もプロですから上手く聞き出してくれるかもしれませんが、業務について一番よくわかっているのは、その会社の人です。プロでも、どうしても見落としてしまうところや、手が届かないところもあります。

大規模なRPAを導入し、コンサルや開発会社に頼む場合でも、ある程度、RPAがどのようなものかをわかっておいたほうがいいでしょう。「敵を知り、己を知る」のが、いつの時代でも肝要なのです。

たとえば、日曜大工をする場合にも5万円のインパクトドライバーは素晴らしい道具ですが、ちょっとした板に釘を打つだけならば、2,000円の金槌を買ったほうが用途に合っています。板を切りたいなら、やはり2,000円のノコギリです。高いものが良いとは限りません。用途に合っていることが1番大切なのです。

まずはどのようなものであるかを知り、自分の要望を知っていくと、導入もよりスムーズに行えます。

5 UiPathでRPAを始めよう

どのRPAツールを使えば良いのでしょうか？

UiPathがおすすめです。使いやすいですよ！

RPAツールとしてオススメなのがUiPathです。UiPathは、多機能であるのに加え、Community Editionは無償で使用できます。

●UiPathでRPAを始めよう

RPAを導入するのに、どこでRPAツールを入手すればよいのでしょうか。

RPAツールには、**有償のもの**と**無償のもの**があります。現在、日本でよく使われるRPAツールはいくつか種類がありますが、本書では、その中でも**UiPath**（ユーアイパス）を使用していきます。

▼UiPath日本のホームページ

UiPathは、非常に多機能なRPAツールであるのに加え、**Community Edition**（コミュニティ・エディション）は無償で使用できるのです。

●UiPathの特徴

UiPathには、いくつかの優れた特徴があります。初心者や、専門知識のない人であっても使いやすいばかりでなく、大規模ロボットの稼働も可能です。その特徴を簡単に挙げてみましょう。

❶使いやすい

まず最初はこれでしょう。UiPathは大変使いやすいソフトウェアです。

その秘密は、**視覚的に操作できること**と、**レコーディング機能**です。**UiPathに覚えさせたい動作**を実際に人間がやってみせるだけで、プログラムが作成できます。作成したプログラムも、マウスでブロック状の**アクティビティ***を動かして調整できるので、専門知識を必要としません。

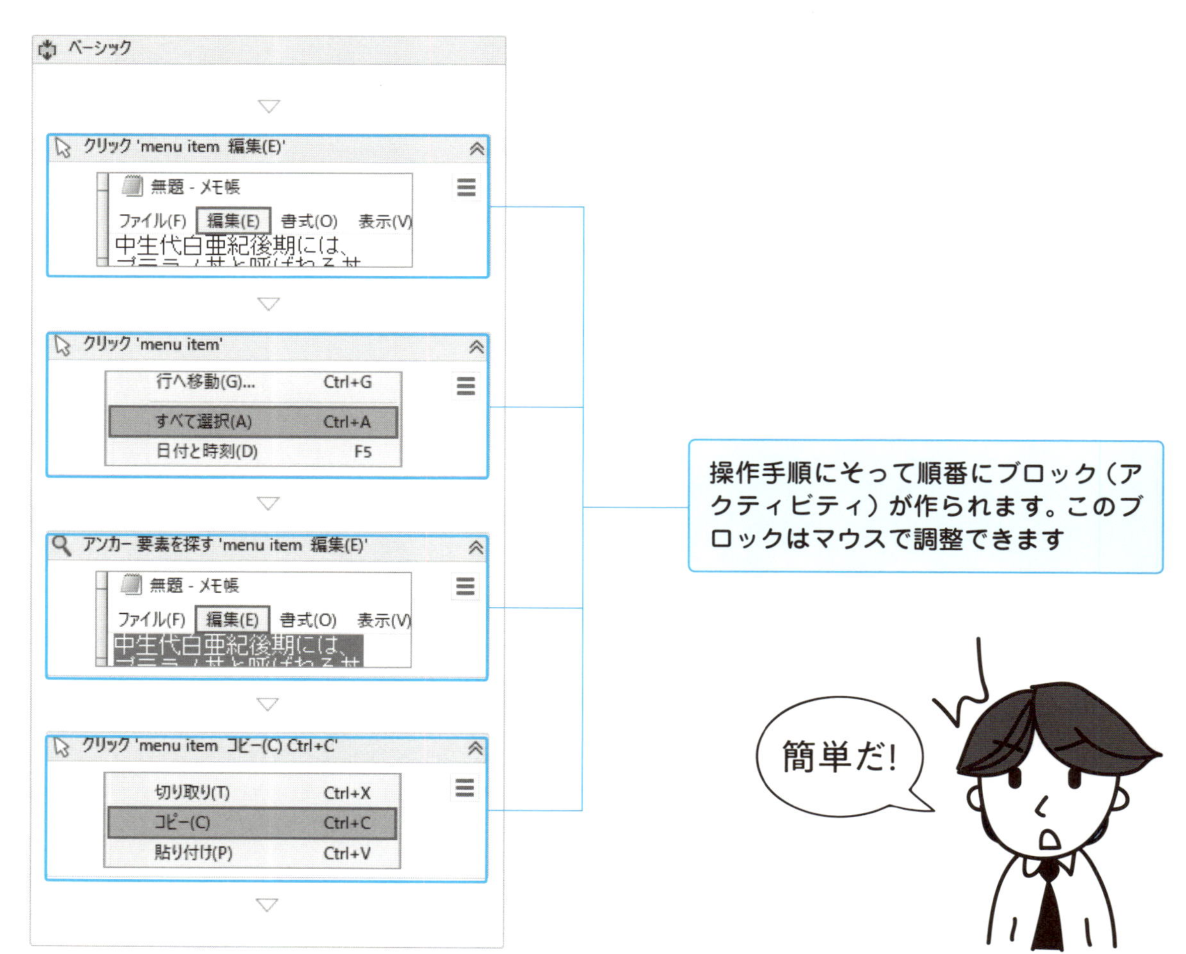

操作手順にそって順番にブロック（アクティビティ）が作られます。このブロックはマウスで調整できます

＊**アクティビティ**　UiPathにおいて、動作させたい命令を示すブロックのこと。

❷精度が高く、正しい場所を確実に操作できる

使いやすさを実現している技術の1つが、操作対象となる**UI(ユーザーインターフェース)**を特定する性能の高さです。

「ここをクリック」「ここをコピー」などの命令を作っていくのに、ソフトウェアのどの場所(たとえば、ボタンやメニュー、入力欄など)を操作するかを指示しますが、その場所の特定をしっかりやってくれるのです。

ここが曖昧だと、操作する場所がズレて「上手く動かない」「失敗した」などの結果になりやすいのですが、UiPathでは、操作する場所を特定できないことは少ないです。もし、上手くいかない場合でも、**UI Explorer**というサポートの仕組みが用意されています。

❸対応の幅と導入実績

UiPathは、簡単な作業から非常に複雑で高度な作業まで対応できるソフトウェアです。

Microsoft Officeの製品に対応しているのはもちろんのこと、Javaなどで開発されたアプリケーションや、汎用機エミュレータ等の操作ができます。

また、**デスクトップ型**と**サーバー型**の両モデルが用意されており、中小企業でも手軽に導入できる規模から、1,000台以上の大規模なロボットの稼働まで幅広く対応できます。もちろん、個人で使う場合もいろいろ便利です。

さらに、代表的なAI(たとえば、IBM WatsonやGoogle Cloud Machine Learningなど)や手書きOCR等との連携も可能です。そのため、導入する企業も多く、2019年1月末時点で日本800社、世界2,700社以上に導入されています。

▼UiPathの特徴

1 コンピューターの目(UIの認識)

- MS Office製品やブラウザーだけでなく、Java等で開発されたアプリケーション、汎用機エミュレータ等のUIを認識可能
- Citrix等の仮想環境も、画像ベースで容易に開発可能

2 操作性

- 高度なレコーディング機能
- GUIを用い、容易にワークフローを開発・メンテ可能
- あらかじめ400種類以上のアクティビティを準備

3 スケーラビリティ(小さく生んで大きく育てる)

- デスクトップ型とサーバー型の両モデル
- 1000台以上の大規模なロボットの稼働を管理
- ユーザーセキュリティをきめ細やかに管理

4 拡張性

・IBM WatsonやGoogle Cloud Machine Learning等の代表的なAIや手書きOCR等との連携可能

5 充実した日本語サポート

・日本語化（メッセージ等を含む全文）

・日本語によるカスタマーサポート

・日本語による無償オンライントレーニング・マニュアルの提供

Column ビデオチュートリアルを使おう！

UiPathには「ビデオチュートリアル」と呼ばれる動画でのチュートリアルがYouTubeで公開されています。実際に操作の様子も動画で確認ができるので、そちらも参考にするとより理解が深まるでしょう。

UiPathとは

UiPathには、複数のソフトウェアがあるのですか？

瀬戸くんが操作するのは、ほとんどがUiPath Studioです！

UiPathは、3つのソフトウェアに分かれています。その中でも実際の作業を行うのはUiPath Studioです。

●UiPath 3つのソフトウェア

さて、UiPathを導入する前に、もう1つ知っておきたいことがあります。それは、UiPathには、3つのソフトウェアが用意されているということです。

❶UiPath Studio

UiPath Studio（スタジオ）は、ロボットへの命令を作成するソフトウェアです。

❷UiPath Robot

UiPath Robot（ロボット）は、ロボットにプログラムを実行させるソフトウェアです。

❸UiPath Orchestrator

UiPath Orchestrator（オーケストレーター）は、複数のロボットを管理するソフトウェアです。

無償で利用できるCommunity Editionでは、UiPath StudioとUiPath Robotがインストールされます。

▼UiPathの３つのソフトウェア

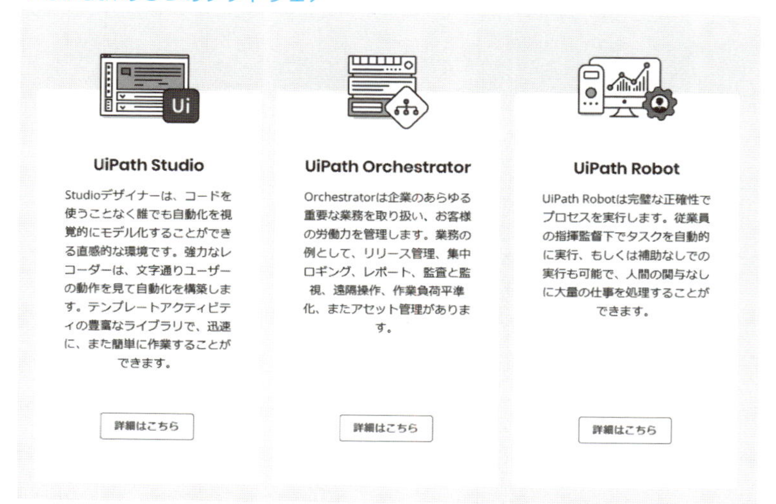

実際のところ、ほとんどの操作は、UiPath Studioを使用しますし、個人で学習する分には、UiPath Orchestratorはあまり出番がありません。

また、「ソフトウェアをいちいち切り替える必要がある」「操作が煩雑」などということはないので、安心してください。

▼UiPathの構成

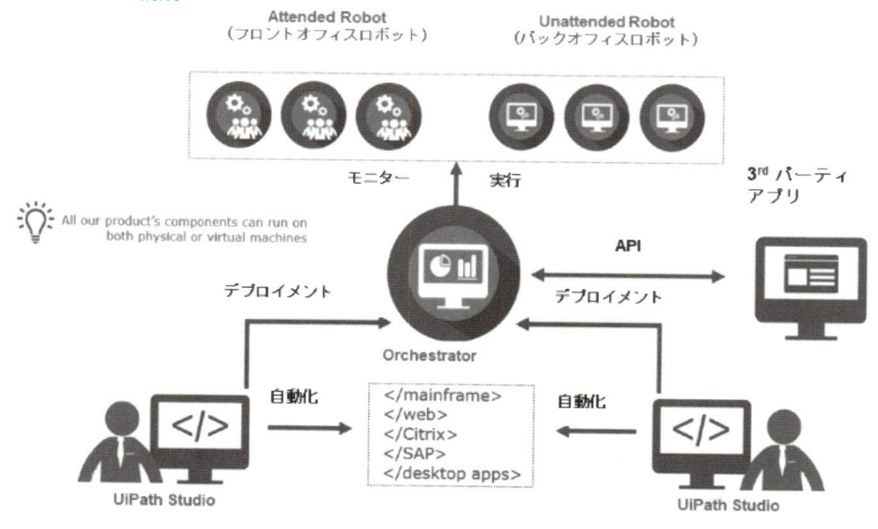

では、次の第２章から、実際にUiPathをインストールし、触っていきましょう！

Chapter 2

UiPathのインストールと導入

UiPathの基本操作

ExcelのマクロやAccessに挫折しまくっている僕でも作れるんでしょうか？不安です
UiPathは、視覚的に操作ができるので、誰でも簡単にできますよ！

誰でも新しい技術を学ぶ時には、不安になるものです。UiPathは、皆さんが想像するような難しいものではなく、視覚的に操作できるとても簡単なソフトウェアです。

●さあ、UiPathを始めよう！

さて、第2章から実際にUiPathを触っていきます。

UiPathを使うにあたり、「簡単と言いながら、どうせまた難しいんでしょう！」などと、不安に感じる方もいらっしゃるかもしれません。人によっては、ExcelのマクロやAccessに四苦八苦した悪夢がよぎるかもしれないですね。

UiPathはコードを書いたりしないので、その不安はまったくの杞憂なのですが、それはUiPathを知っているからこそ言えることです。

百聞は一見にしかずと言います。どのように自動化していくのか、実際のところを見ていきましょう。

●プロジェクトを作って動かす

まず、UiPathを使うにあたり重要な用語となってくるのが**プロジェクト**です。

1つ、例を挙げてプロジェクトについて説明しましょう。

たとえば、あなたがWebサイトから、指定した内容を、Wordにコピー＆ペースト（コピペ）したいとします。仕事をしていると、時々ある作業ですね。

一口に「WebからWordにコピー＆ペースト」と言っても、魔法のように合図1つでできるわけではありません。この作業は、以下の3つの動作で組み合わされています。

❶該当箇所の範囲指定
❷コピー
❸Wordへの貼り付け

▼WebからWordにコピー＆ペーストする作業

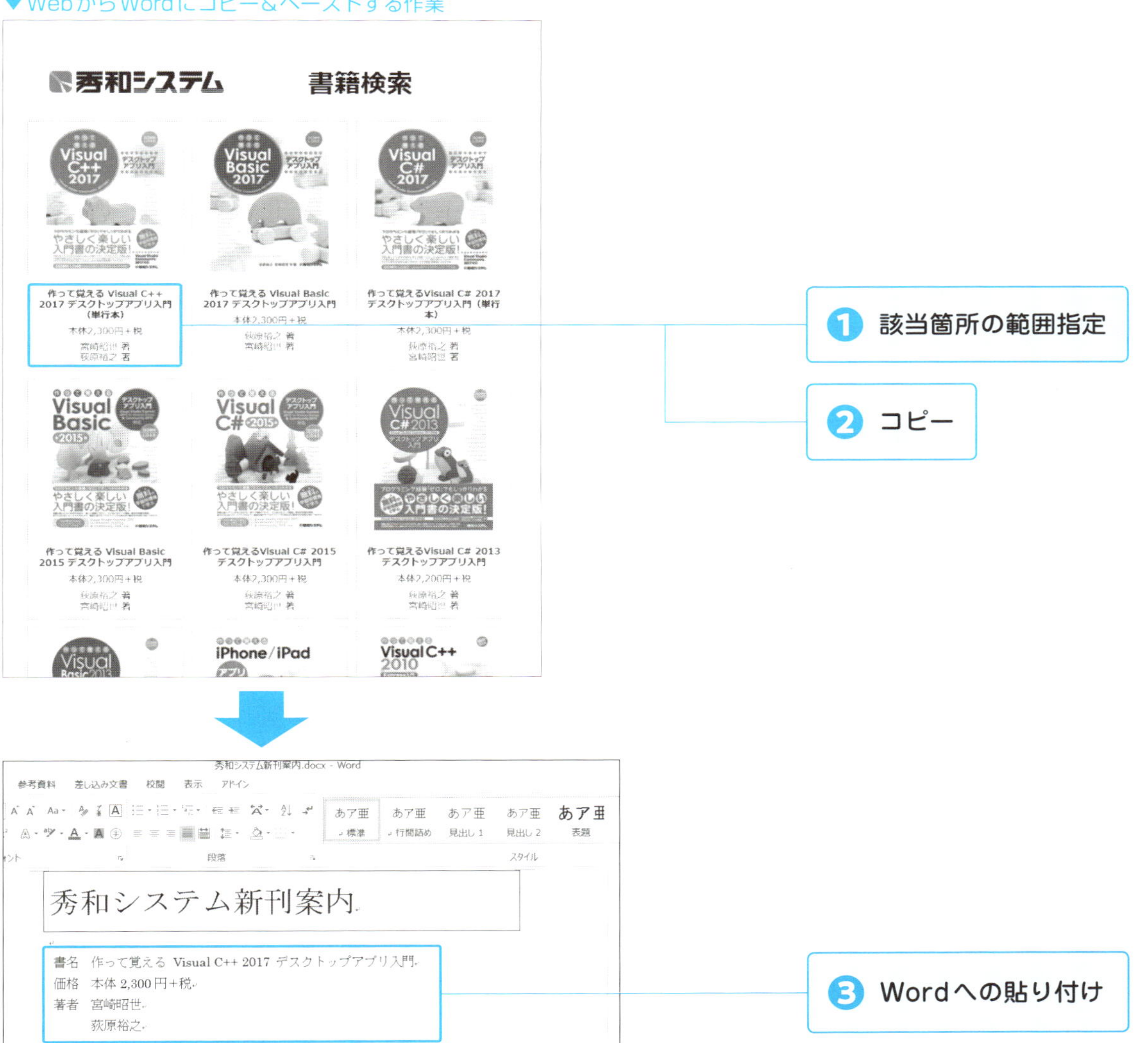

本当は、もう少しあるのですが、シンプルに考えるため、この3つだとしましょう。

❶の範囲指定から❸の貼り付けまでの一続きの作業を、UiPathでは、**ワークフロー**と呼びます。

そして、❶範囲指定　❷コピー　❸貼り付けなど、個々の動作が**アクティビティ**です。

「WebからWordにコピペする作業」という作業全体のことを**オートメーションプロジェクト**（略称：**プ**

ロジェクト）と言います。

つまり、1つの仕事＝プロジェクトということですね。

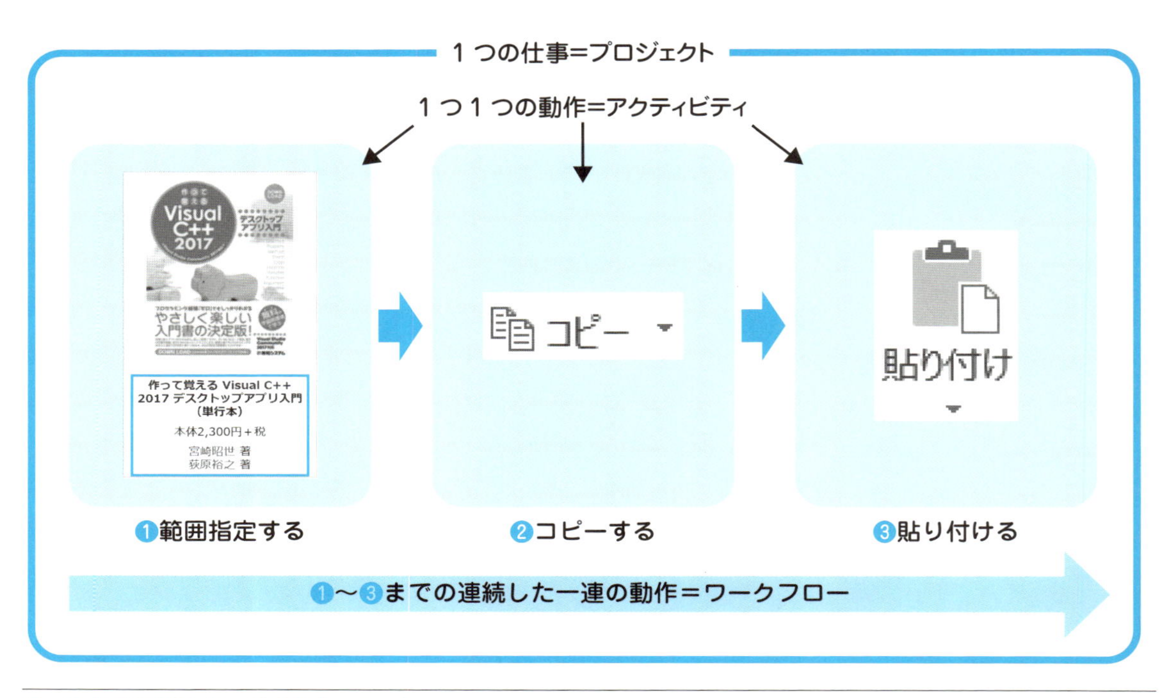

❶～❸までの連続した一連の動作＝ワークフロー

UiPathでは、アクティビティ（個々の動作）を組み合わせて、ワークフロー（連続した動作）を作り、プロジェクト（1つの仕事）にします。

「自動コピペのロボットを作る！」というと、確かに少し難しそうですが、「範囲指定と、コピペを組み合わせる」ならどうでしょう。簡単そうな感じがしてきませんか。

●ワークフローの組み方は3種類

UiPathで、ワークフローを組む方法は、3つあります。

❶自動レコーディング
❷手動レコーディング
❸プログラミング

ワークフローの組み方は3つ

❶自動レコーディング

「自動」という言葉に飛びついたアナタ！　そうです。UiPathには、自動でワークフローを組む機能が用意されています。それが、**自動レコーディング**です。

自動レコーディングは、[レコーディング] ボタンをクリックして、記録したい動作を行えば、それがそのままワークフローとなります。

どうです、便利でしょう！　特にややこしいことはなく、レコーディングをスタートし、ストップするだけなので、大変便利です。

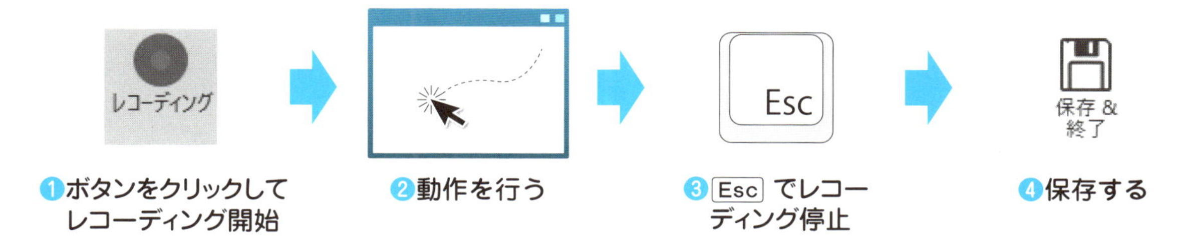

自動レコーディング

ただ、自動レコーディングでできることと、できないことがあるので、通常は、**手動レコーディング**と組み合わせて使います。

❷手動レコーディング

手動レコーディングは、ソフトウェアの起動など、自動レコーディングでは記録できない内容が、あらかじめ用意されており、ボタンをクリックするだけで、それがワークフローに組み込まれます。これも簡単です。

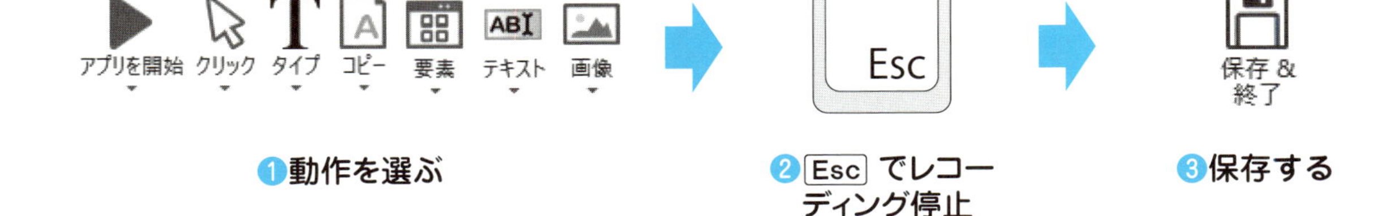

手動レコーディング

自動レコーディングと手動レコーディングは、レコーディング後に動作（アクティビティ）を付け加えたり、削除したりする調整もできますし、一度レコーディングした後に、再びレコーディングすることもできます。途中まで自動で行い、途中から手動に切り替えることも可能です。

❸プログラミング

プロジェクトの作成方法でやや難しいのは、**プログラミング**ですが、これも一般的に言われる「プログラミング」ほどは、難しくありません。

テレビドラマで見るような「怪しいハッカー」が「謎の文字列」を打ち込むようなことはなく、あらかじめ用意されたアクティビティのブロックを組み合わせるだけです。

プログラミング未経験の人でも、**1つの仕事**（プロジェクト）を、**個別の動作**（アクティビティ）に分解できれば、簡単に作れるので安心してください。

さあ、UiPathを学びましょう！

2 UiPathのエディション

2つのエディションについて詳しく教えてください
小規模なら、まずはCommunity Editionからスタートしましょう！

UiPathには、2つのエディションが用意されています。Community Editionは、いくつかの制約はありますが、無償で使用でき、制限も試用期限もなく、導入に最適です。

●UiPathの2つのエディション

それでは、さっそくプロジェクトを作成編集する**UiPath Studio**と、プロジェクトを実行する**UiPath Robot**をインストールしてみましょう。これらは、公式サイトであるUiPath日本のWebサイトから配布されています。

▼UiPath日本のWebサイト

UiPath Enterprise RPA Platform

大規模なRPA利用に対応した商用製品

無償で商用トライアルを始める

UiPath Community Edition

個人ユーザー、エンタープライズ**、その他の法人***が利用可能な無償製品

COMMUNITY EDITIONを使用する

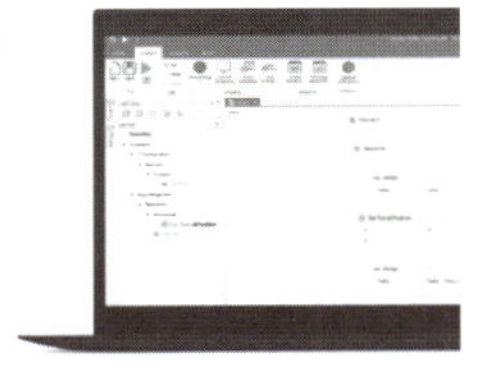

▼UiPath日本のURL

https://www.uipath.com/ja/

無償で使用できるトライアルは、大規模なRPA利用を想定したエンタープライズ向けの**UiPath Enterprise Edition***（ユーアイパス・エンタープライズ・エディション）と、個人や小規模法人向けの

* **UiPath Enterprise Edition**　UiPath Platform（ユーアイパス・プラットフォーム）とも呼ばれる。

UiPath Community Edition（ユーアイパス・コミュニティ・エディション）があります。

UiPath Enterprise Edition、および本書で使うUiPath Community Editionには、UiPath StudioとUiPath Robotの両方がパッケージされています。

▼2つのエディション

エディション名	特徴
UiPath Enterprise Edition	エンタープライズ向け
UiPath Community Edition	個人や小規模法人向け

●2つのエディションの違い

UiPath Community Editionは、カスタマーサポートを受けることができず、ユーザーフォーラムでの相互サポートのみであるなど、いくつかの制約はありますが、無償で使用でき、試用に期限はありません。

一方、エンタープライズ向けの**UiPath Enterprise Edition**はサポートがあり、商用利用、任意のタイミングでの更新など、多くの特典がありますが、無償でトライアルできる期間は60日間です。

UiPathでは、250台以上の端末・ユーザー数、もしくは年間500万米ドル以上の売り上げを有する組織をエンタープライズとして規定しており、これに該当する企業は、UiPath Enterprise Editionを使用する必要があります。該当しない組織は、UiPath Community Editionを使うことができます。

▼2つの製品の違い（UiPath日本のWebサイトより）

2つの製品の違い

	UiPath Platform			UiPath Community Edition
対象および目的	事業者様による商用利用	ⓘ	ⓘ	個人ユーザー、エンタープライズ**、その他の法人***による利用
クラウド&オンプレミス	製品版UiPath Orchestratorとの接続可能	●	◐	2台までOrchestrator Community Editionと接続可能
サポート	パートナーやチケットによるサポートフォーラム上のユーザー間の相互サポート*	●	○	フォーラム上のユーザ間の相互サポートのみ*.
更新について	任意なタイミングでの更新	●	◐	自動更新
製品構成	UiPath Studio, UiPath Robot, UiPath Orchestrator	●	◐	UiPath Studio, UiPath Robot, UiPath Orchestrator Community Edition
トレーニング	ロールベースのオンライントレーニングUiPath アカデミーやトレーニングパートナー様によるオンサイトトレーニング	●	◐	ロールベースのオンライントレーニングUiPath アカデミーをご利用いただけます。修了証があります。
アクティベーション	オンライン、オフライン双方可能	●	◐	オンラインアクティベーションのみ

3 Community Editionのダウンロードとインストール

UiPathは、どこから入手したらよいですか？

UiPath公式サイトからダウンロードできます！

UiPathは、公式サイトからダウンロードできます。ダウンロード時やアクティベーションを行う時にメールアドレスが必要となりますから、用意しておきましょう。

●Community Editionのダウンロード

UiPath Community Editionのダウンロードは、公式サイトの［トライアルの開始］ボタンから行います。ダウンロード時やアクティベーションを行う時に、メールアドレスが必要となりますから、ご用意ください。

❶公式サイトのトライアルページを開く

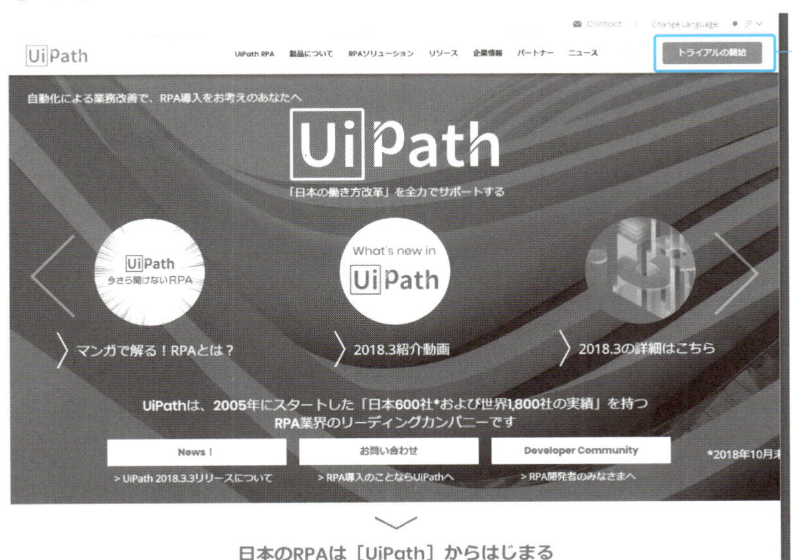

次ページに記したUiPath日本のWebサイトにアクセスし、［トライアルの開始］をクリックします

▼UiPath日本のURL

https://www.uipath.com/ja/

❷利用登録ページを開く

［COMMUNITY EDITIONを使用する］をクリックして利用登録ページに移動します

❸利用登録する

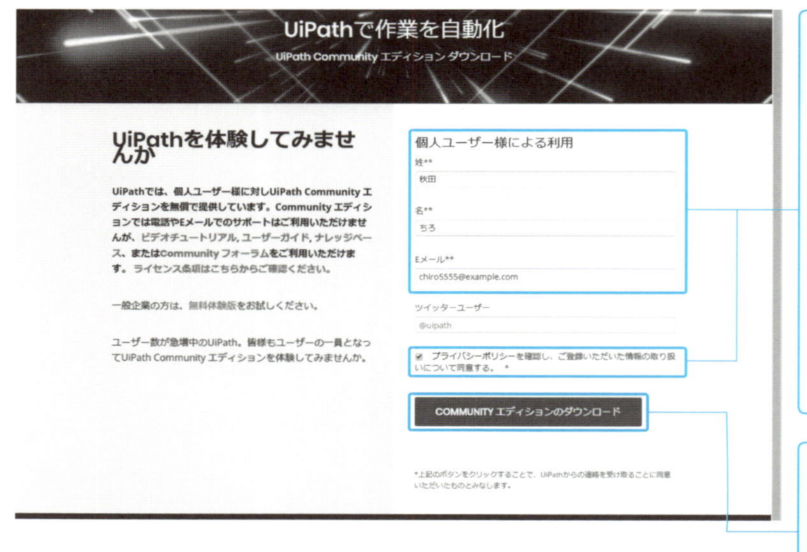

❶ 必須項目である「姓」「名」「Eメール」を入力し、［プライバシーポリシーを確認し、ご登録いただいた情報の取り扱いについて同意する］にチェックを付けます（ツイッターユーザーは任意であるため、アカウントがある場合のみでかまいません）

❷ 入力が終わったら、［COMMUNITYエディションのダウンロード］をクリックします

❹ダウンロードする

ダウンロード先のリンクが示されたメールが届きます。メール内に記載されているリンク、もしくは画面の［こちらからダウンロードできます］のリンクをクリックすると、インストーラをダウンロードできます

●Community Editionのインストール

UiPath Community Editionをインストールします。

❶インストールする

「UiPathStudioSetup.exe」というファイルとしてダウンロードされます。ファイルをダブルクリックして起動すると、インストールが始まります

❷アクティベーション方法を選ぶ

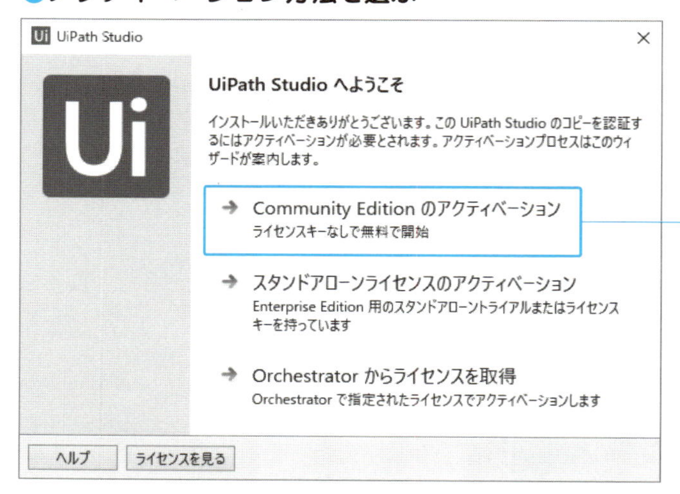

インストールが終わると、初回起動時に限り、アクティベーションの画面が表示されます。ライセンスを確認し、[Community Editionのアクティベーション] をクリックしてください

❸アクティベーションする

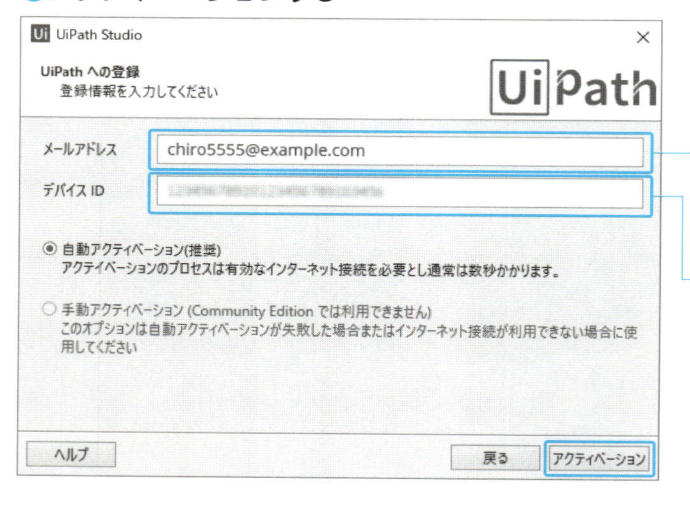

メールアドレスを入力して、[アクティベーション] ボタンをクリックします

自動で入力されます

❹インストールが完了する

UiPath Studioのバックステージ画面が出てくれば、完了です。UiPath Studioが利用できるようになります

さあ、これで準備ができました。次のページからは、画面の説明です。

Column いろいろな人と一緒にやろう！

これまで仕事を便利にするツールを導入するとなると、パソコンに詳しい人が中心になってやっていた職場が多いのではないのでしょうか。

UiPathは、専門知識がなくても操作することができるので、今まで中心にならなかったような人がロボットの作成に参加することができるようになります。

このように幅広い立場の人が参加することで、パソコンに詳しい人の負担が減るだけでなく、多様な要望を取り込みやすくなるので より使いやすいものを作成できます。

あなたの職場でも、いろいろな人を誘ってみると良いでしょう。

UiPath Studioの起動とスタートリボン

UiPathの使い方について教えてください

まずは、UiPathの3つのリボンについて押さえましょう！

UiPathは、リボンやパネルによって構成されています。まずはそれぞれの画面について学んでいきましょう。

●UiPath StudioとUiPath Robotのスタート

インストールが成功していると、Windowsのスタートメニューに、**UiPath Studio**および**UiPath Robot**のショートカットが作成されているのがわかります。

▼スタートメニュー

ここからクリックして起動します。ロボットの作成を行う［UiPath Studio］をクリックして起動してください。

スタートメニューからの起動が面倒であれば、スタートメニューにピン留めしたり、デスクトップにショートカットを作るとよいでしょう。

アクティベーションした直後であれば、すでに起動されています。

●UiPath Studioの3つのリボン

UiPath Studioは、次の3つのリボンで構成されています。**スタートリボン**、**デザインリボン**、**実行リボン**です。

❶スタートリボン

❷デザインリボン

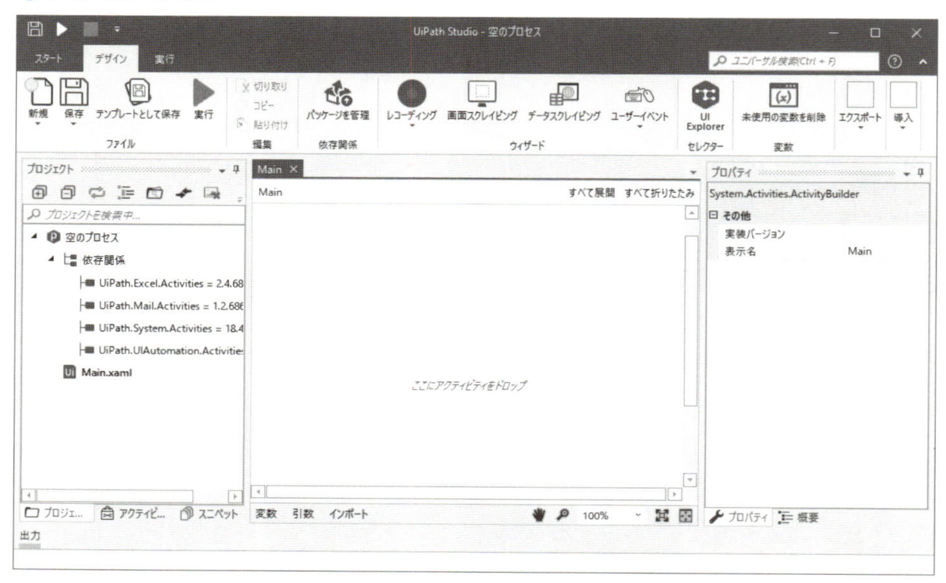

❸実行リボン

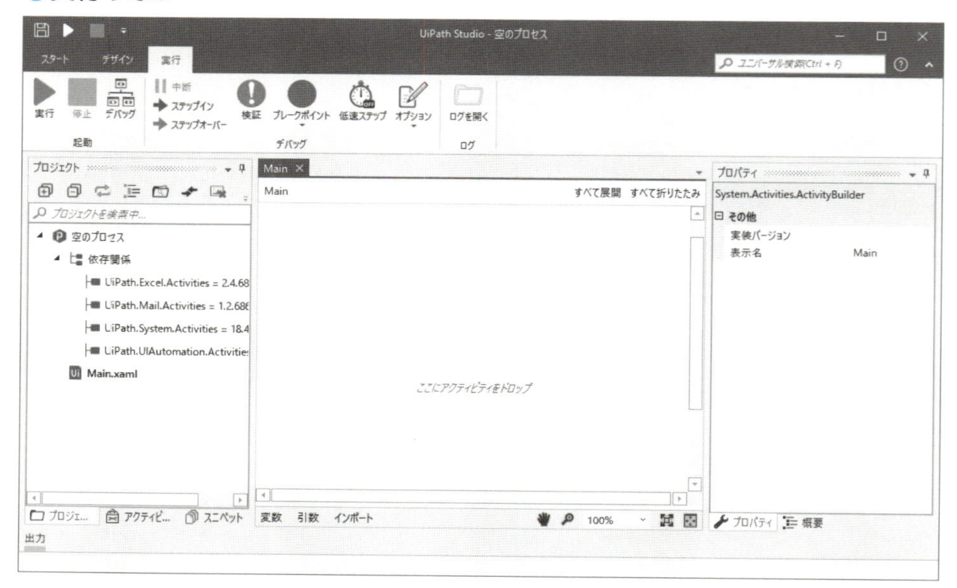

UiPath Studioの起動直後は、**スタートリボン**が表示されます。**デザインリボン**および**実行リボン**は、プロジェクトを作るまで見ることはできないので、後から確認しましょう。

本書では以降、スタートリボンの画面を**バックステージ画面**、デザインリボンおよび実行リボンの表示される画面を**編集画面**と呼んで進めることにします。

●バックステージ画面（スタートリボン）

UiPathを起動すると、最初に表示されるのが**バックステージ画面**です。

プロジェクトの新規作成や、最近作業を行ったプロジェクトが表示されます。

ほかに、TFS*やSVN*に関わる機能、UI Explorer*の起動、拡張機能の管理、各種設定、ヘルプへのアクセスなどもここから行います。要はプロジェクトの管理や、ソフトウェア全体に関わる管理などを行うページです。

編集画面への移動ボタンは、プロジェクトを開いていないと表示されません。プロジェクトを開くと、自動的に編集画面に切り替わります。

●バックステージ画面の構成

バックステージ画面は、プロジェクトの新規作成や、最近作成したプロジェクト一覧などで構成されています。

▼バックステージ画面

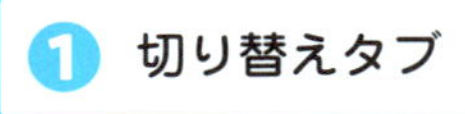

＊TFS　Team Foundation Serverの略。マイクロソフト社のソースコード管理システム。
＊SVN　Subversionの略。オープンソースのソースコード管理システム。
＊UI Explorer　UiPathにおいて、画面上のボタンやテキストボックスなどの要素を特定するウィンドウ画面。

❶切り替えタブ

編集画面やチームタブ、ツールタブ、設定タブ、ヘルプタブに切り替えます。

▼切り替えタブ

メニュー	機能
(ボタン)	編集画面との切り替えを行う。プロジェクトが開かれていない場合は、ボタン自体が表示されない
開く	プロジェクトを開く
閉じる	プロジェクトを閉じる
スタート	プロジェクトを新規作成する
チーム	チーム開発に関連する内容がまとめられたタブ。TFSやSVNに関わる機能がある
ツール	UI Explorerの起動、ブラウザーやJava用拡張機能を管理する
設定	各種設定をする
ヘルプ	製品ドキュメントやコミュニティフォーラムなどのヘルプ機能がまとめられている

❷新規作成

プロジェクトの新規作成や、コンポーネントをライブラリとして書き出せます。

▼新規作成

ツール	機能
プロセス	プロジェクトの新規作成を行う
ライブラリ	コンポーネントを作成し、ライブラリとしてまとめる

❸テンプレートから新規作成

よく使うテンプレートが用意されており、これらを改造してプロジェクトを作成できます。

❹最近

最近使用したプロジェクトが一覧として表示されます。クリックすると開けます。

5 デザインリボンと実行リボン

ボタンがたくさんあって、難しそうですね

よく使うものは限られているので、大丈夫ですよ！

UiPathで最もよく使うのがデザインリボンです。各機能についてよく理解しておきましょう。

●編集画面（デザインリボン／実行リボン）

プロジェクトを開くと、表示されるのが**編集画面**です。UiPath Studioにおけるほとんどの作業をこの画面で行います。**デザインリボン**もしくは、**実行リボン**を開くと表示されます。

デザインリボンは、ワークフローの作成に関わるツールが集まっているリボンです。中でも**デザイナーパネル**は、言わば油絵のキャンバスのようなもので、ワークフローの内容が表示される場所です。ワークフローの作成や調整もここで行います。

デザイナーパネルのほかに、プロジェクトのデザインに必要なプロジェクトパネル群、プロパティパネル群が用意されています。

実行リボンは、ワークフローの実行に関わるツールが集まっているリボンです。デバッグ*しやすいように、実行速度を調整できます。

●デザインリボンの構成

プロジェクトを組んだり、実行したりする場合などには、編集画面を使用します。

* **デバッグ**　プログラムのバグ（誤り）を取り除くこと。

▼編集画面

❶デザインリボン

デザインリボンには、次のような機能があります。

▼［ファイル］グループ

ツール	機能
新規	ワークフローを新規に作成する
保存	ワークフローを保存する
テンプレートとして保存	テンプレートとして保存する
実行	ワークフローを実行する

▼［編集］グループ

ツール	機能
切り取り	アクティビティを切り取る
コピー	アクティビティをコピーする
貼り付け	アクティビティを貼り付ける

▼［依存関係］グループ

ツール	機能
パッケージを管理	クリックすると、パッケージ管理ウィンドウが開き、このプロジェクトで使用するアクティビティパッケージを管理できる

▼［ウィザード］グループ

ツール	機能
レコーディング	各種レコーディング方法に対応したレコーディングコントローラーを起動する
画面スクレイピング	画面に表示されている内容をテキストとして取得する
データスクレイピング	箇条書きや表などの「構造化されたデータ*」を取得する
ユーザーイベント	あらかじめ設定したユーザーイベントをトリガー*として実行する

▼［セレクター］グループ

ツール	機能
UI Explorer	UI Explorerを起動する

▼［変数］グループ

ツール	機能
未使用の変数を削除	未使用の変数を削除する

▼［エクスポート］グループ

ツール	機能
Excelにエクスポート	Excelにエクスポートする

▼［導入］グループ

ツール	機能
パブリッシュ	作成したプロジェクトをUiPath Robotで実行できるように変換する

❷プロジェクトパネル群

左カラムの**プロジェクトパネル**、**アクティビティパネル**、**スニペットパネル**が表示される箇所です。主に、プロジェクト作成時によく使用するパネル群です。どのパネルもパネル内の情報を検索できます。

これらのパネルは、隠してしまったり、フローティングすることもできます。

パネルの切り替えは、下のタブで行いますが、［自動的に隠す］をオンにしている場合は、左側に切り替えタブが表示されます。

右カラムのプロパティパネル群とドッキングさせることもできます。

＊**構造化されたデータ**　行や列など、繰り返し構造をとるデータのこと。
＊**トリガー**　キーボードのショートカットキーが押されたときなどに、ワークフローを実行する機能。

プロジェクトパネル

プロジェクトを構成するファイルを管理します。

▼プロジェクトパネル

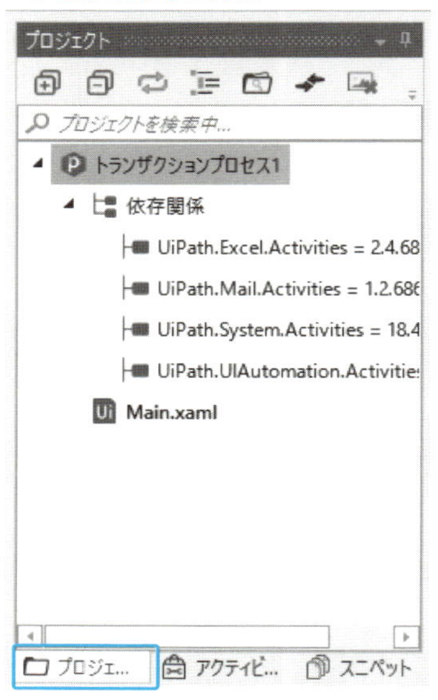

アクティビティパネル

現在のプロジェクトで使用できる**アクティビティ**が表示されます。ここに表示されるアクティビティは、デザイナーパネルにドラッグ＆ドロップして使用できます。

▼アクティビティパネル

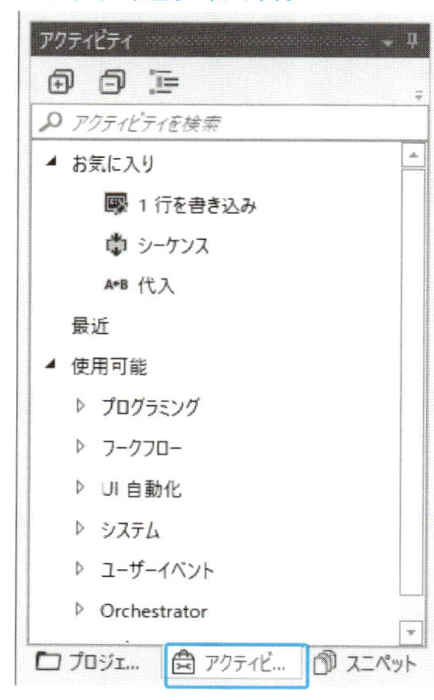

スニペットパネル

よく使う**スニペット**（一連のワークフローのサンプル）が含まれています。ここに表示されるスニペットは、デザイナーパネルにドラッグ&ドロップして使用できます。

▼スニペットパネル

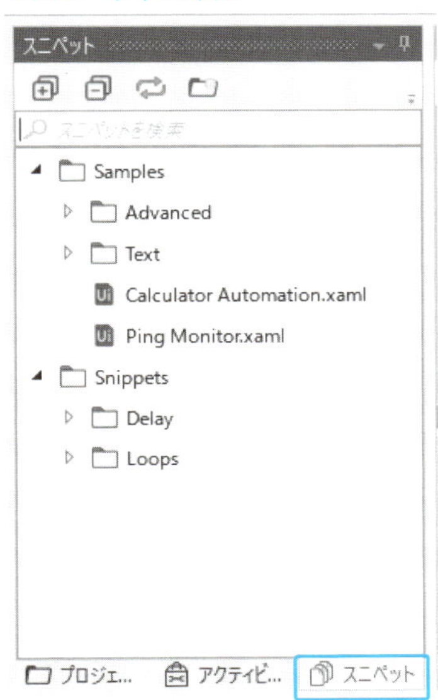

❸デザイナーパネル

画面の中央にあり、作成するワークフローが表示されます。下のタブで、変数、引数、インポートタブの切り替えを行います。

▼デザイナーパネル

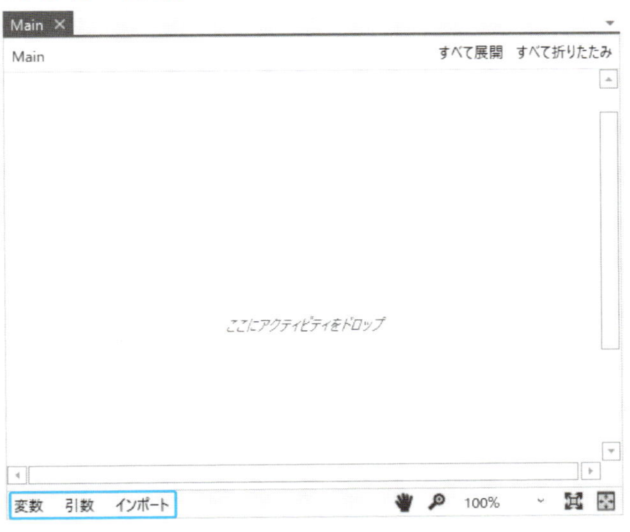

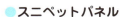

④プロパティパネル群

右カラムにある**プロパティパネル**、**概要パネル**が表示される箇所です。主に、プロジェクトの調整時によく使用するパネル群です。

これらのパネルは、隠してしまったり、フローティングすることもできます。

パネルの切り替えは下のタブで行いますが、[自動的に隠す]をオンにしている場合は、右側に切り替えタブが表示されます。

左カラムのプロジェクトパネル群とドッキングさせることもできます。

●プロパティパネル

選択したアクティビティの**プロパティ**（特性や設定内容）が表示されるパネルです。アクティビティの調整や修正も行えます。

▼プロパティパネル

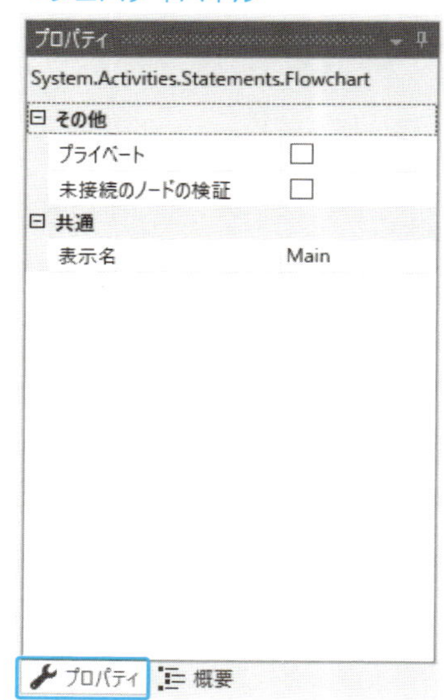

●概要パネル（Outline）

ワークフローの概要が表示されます。デザイナーパネルに表示されているアクティビティの見出しだけを並べたようなものです。クリックすると、該当のアクティビティへ移動できます。

▼概要パネル

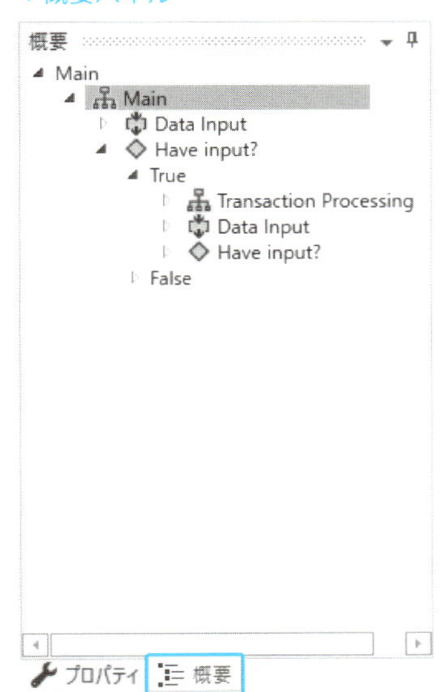

●実行リボンの構成

　編集画面上部でタブをクリックすると、実行リボンに切り替えられます。実行リボンは、ワークフローの実行に関わるツールが集まっているリボンです。

　デバッグしやすいように、実行速度を調整できます。

▼実行リボン

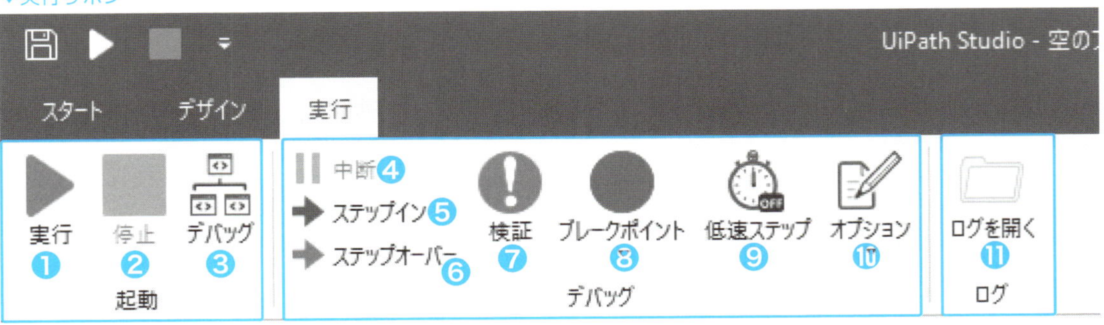

　実行リボンには、次のような機能があります。

▼［起動］グループ

ツール	機能
実行	ワークフローを実行する
停止	ワークフローの実行を停止する
デバッグ	デバッグ画面に切り替える。デバッグ画面では、左カラムは ローカルパネル、右カラムは出力パネルとなり、デザイナーパネルは読み取り専用になる

▼［デバッグ］グループ

ツール	機能
中断	ワークフローの実行を中断する
ステップイン	アクティビティの中身に入り込んで実行する
ステップオーバー	アクティビティを実行する
検証	エラーを検証する
ブレークポイント	ブレークポイント*を切り替える
低速ステップ	デバッグ用に実行速度を変更できる。速度は、ボタンをクリックするたびに切り替わり、1倍速から4倍速の4段階が用意されている
オプション	要素のハイライト*ができる

▼［ログ］グループ

ツール	機能
ログを開く	ログを開く

機能は
使いながら
覚えて
いきましょう！

＊**ブレークポイント**　実行中に一時停止させたい場所のこと。
＊**ハイライト**　目立たせること。

Chapter 3

レコーディングしてみよう

プロジェクトの作成

どのようにプロジェクトを作って行けばいいのでしょうか？

プロジェクトの作り方は簡単です。さっそく、やってみましょう！

UiPathでは、プロジェクトを作成して、ワークフローを組んで行きます。ワークフローは視覚的に組めるため、非常に簡単です。

●ワークフローとアクティビティ

第3章では、UiPath Studioで実際にプロジェクトを作っていきます。

プロジェクトの**ワークフロー**（一連の操作）は、次ページの図のような形で表示されます。

これは、メモ帳の中身をコピーするワークフローです。そして、中に並んでいるブロックが**アクティビティ**です。

アクティビティをじっくり見てみましょう。

ワークフローの一番上のアクティビティは、「クリック' menu item 編集(E)'」と表示されています。これは「クリック' 対象'」の形式でクリックの操作を表しています。

「'対象' をクリックしますよ」ということです。上から4つ目のアクティビティは、対象の部分が「' menu item コピー(C) Ctrl+C'」となっているので、こちらのアクティビティは、コピーを表しているとわかります。

クリック以外の操作をする場合は、「クリック」の部分が、「テキストを入力」「ホットキーを押下」など、操作に合わせた文言に変更されます。

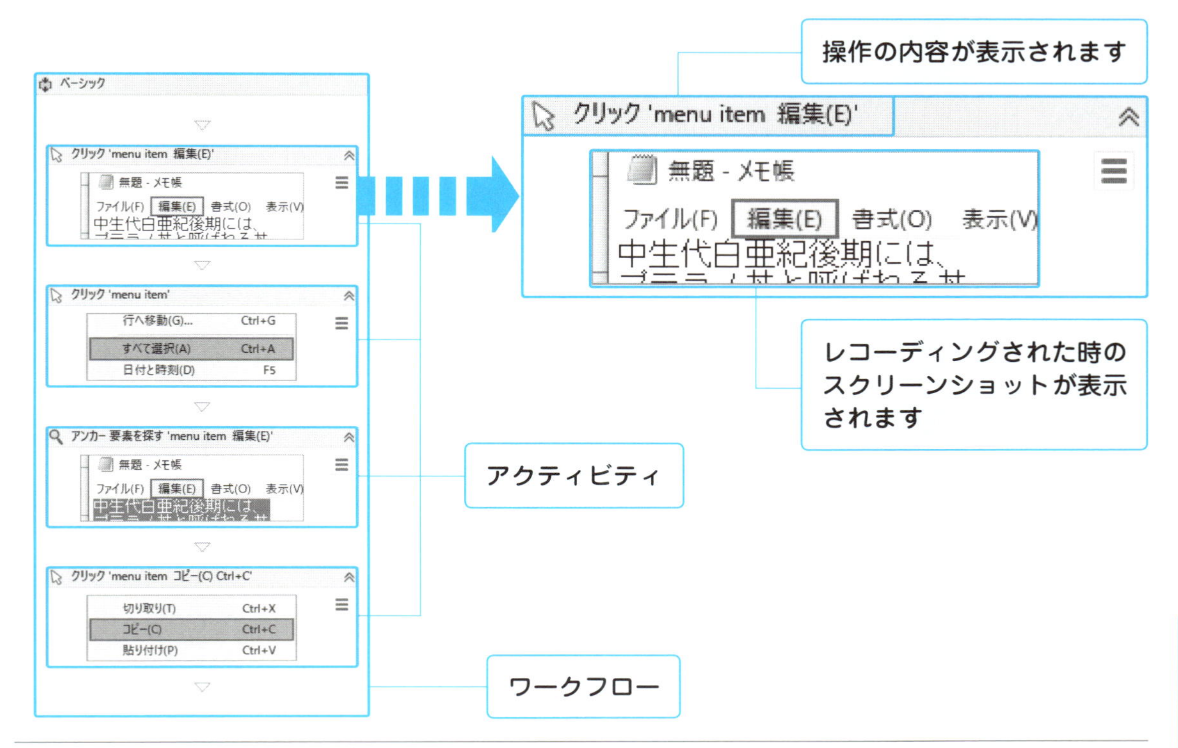

ワークフローとアクティビティの関係

アクティビティの下の部分は、レコーディング時の**参考スクリーンショット**です。

何を表すアクティビティなのか、視覚的にもわかりやすくなっています。参考スクリーンショットは変更・削除できますが、このワークフローを説明する資料として重要なものですから、なるべく残しておきましょう。

●アクティビティの内容

上の図のアクティビティの順番を見ていくと、このワークフローが4つの操作（アクティビティ）から成り立っていることがわかります。

❶メモ帳のメニューから［編集］をクリック

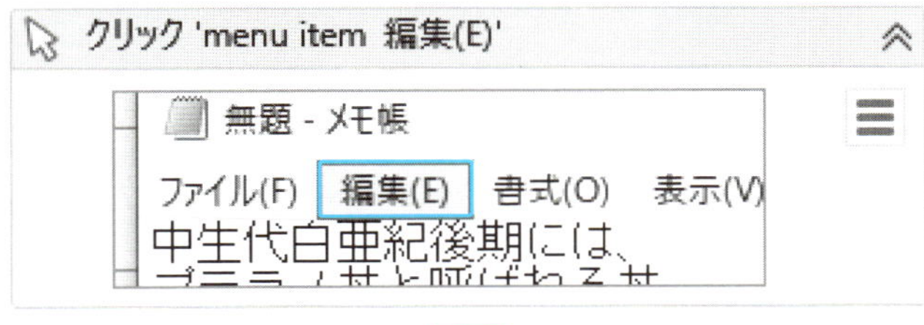

❷［すべて選択］をクリック

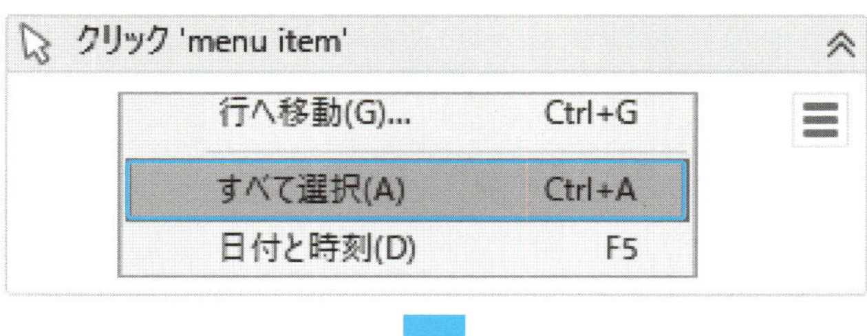

❸再び［編集］をクリック

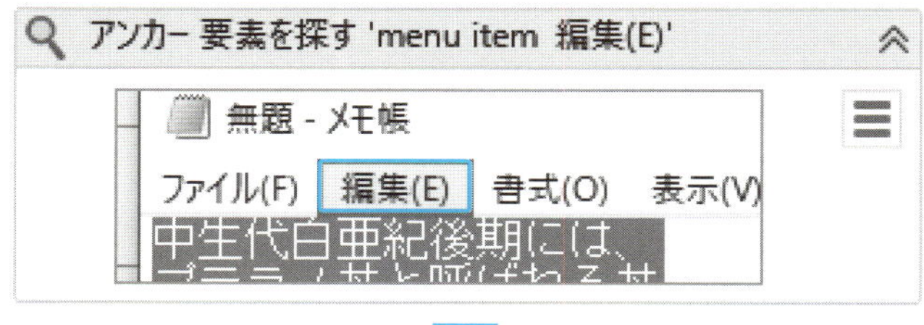

❹［コピー］をクリック

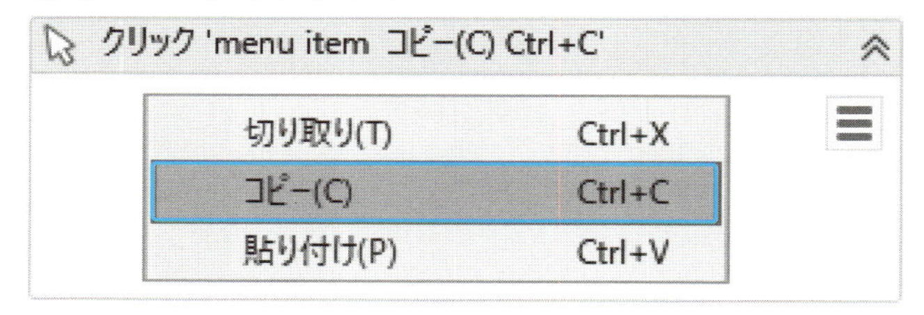

これらの個々の操作（アクティビティ）が、順番に実行されるようになっているわけです。

プロジェクトを作ることは、ワークフロー上にアクティビティを並べることです。つまり、これが今から皆さんがやることなのです！

●プロジェクト作成の流れ

ワークフローを組むのは難しくありません。

第2章で紹介した通り、❶自動レコーディング、❷手動レコーディング、❸プログラミングの3通りの方法があります。

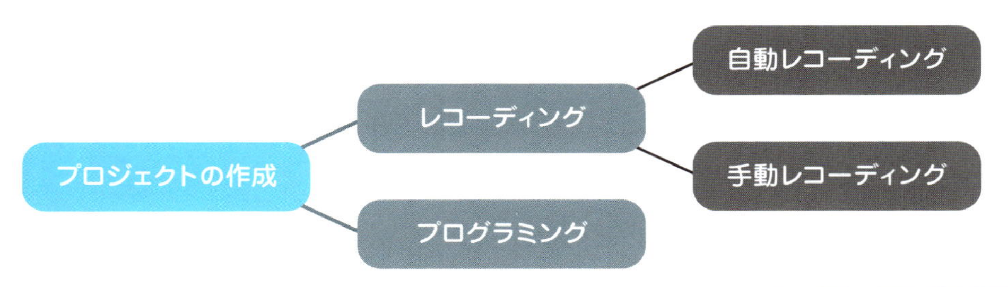

プロジェクト作成の流れ

レコーディングでは、操作を実際に行ったり、ボタンをクリックするだけで、アクティビティが生成され、その順番に並びます。

プログラミングの場合は、アクティビティを自分で選んでワークフローを組みます。ワークフローの組み方にこうした違いはありますが、どの方法でも、プロジェクト作成の基本的な操作の流れは同じです。

❶プロジェクト名を付ける

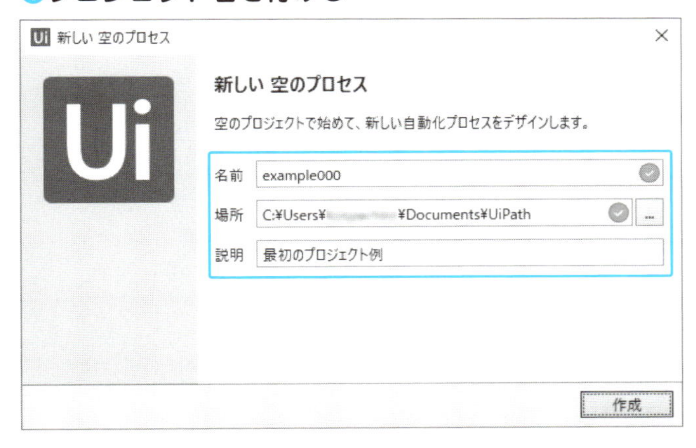

WordやExcelは、ソフトウェアを開いて先に入力してから、ファイル名を付けることが多いと思いますが、UiPathの場合は、まず最初にバックステージ画面で、プロジェクト名や保存場所を決めてからプロジェクトの作成を開始します。

画面を見て「あれ？」と思うかもしれません。「新しい空のプロセス」と書いてあります。

プロセスとは、プロジェクトのスタイルの１つです。プロジェクトは、プロセスタイプと、ライブラリタイプの２種類を作ることができます。

初心者は、ほとんどプロセスタイプで始めることになるので、「プロジェクトの新規作成＝新しい空のプロセス」と覚えてしまって大丈夫です。

空のプロセスを作成すると、編集画面に移動し、ワークフローを組める状態になります。

なお、既定では、プロジェクトはパソコンの「C:¥Users¥ユーザー名¥Documents¥UiPath」に作成されます（「ユーザー名」には、それぞれのユーザー名が入ります）。

❷ワークフローを組む

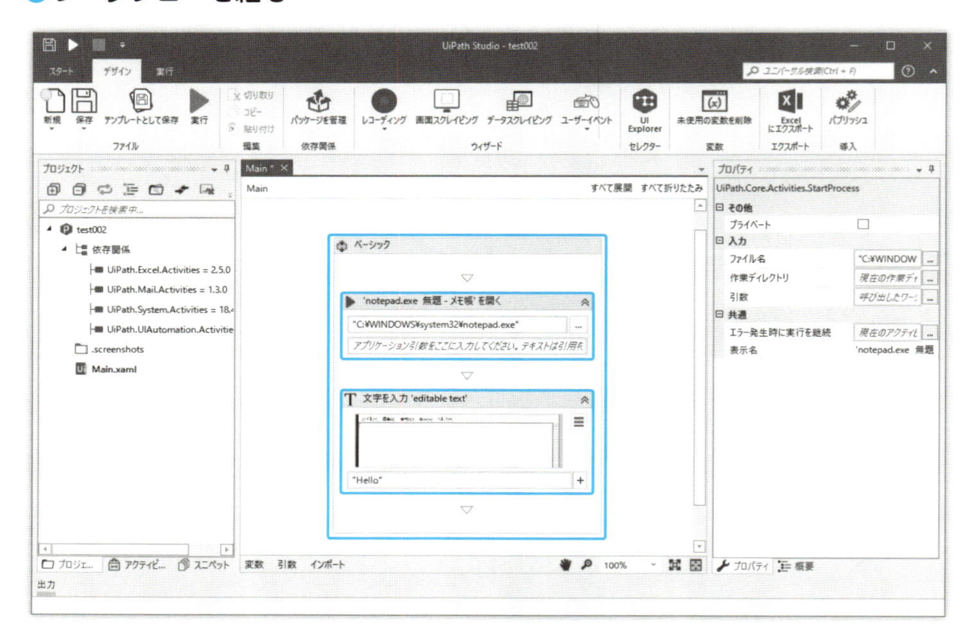

ワークフローは編集画面のデザイナーパネルで組みます。レコーディングかプログラミングで、アクティビティを並べ、プロジェクトを作ります。

❸実行と調整

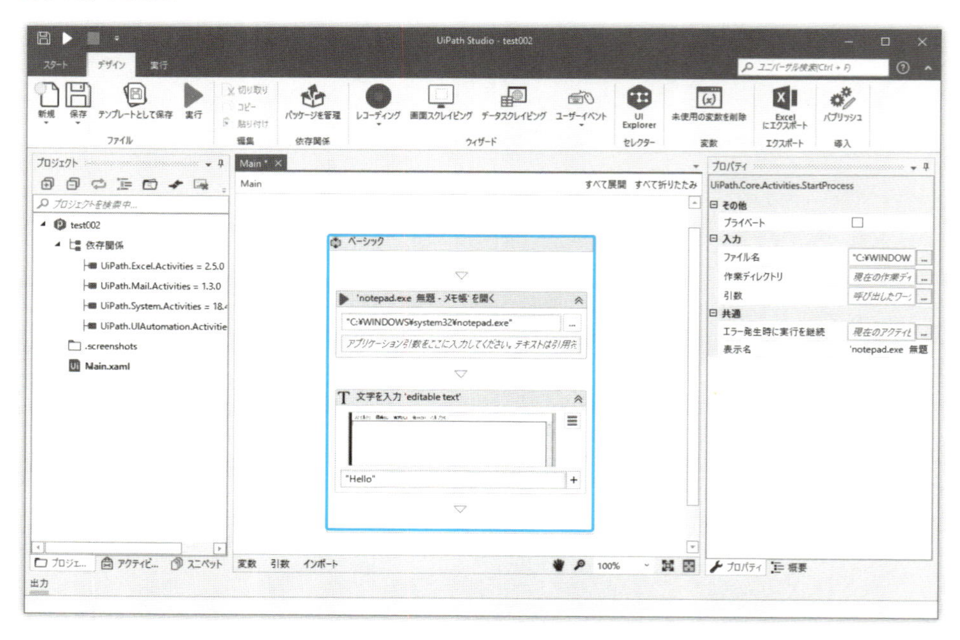

ワークフローが組めたら、実際に実行してみます。実行して上手くいかなかったり、思い通りの動きとは違う場合は、調整を行います。

何度か操作を実行して、上手くいくように調整し、完成したら保存して終わりです。

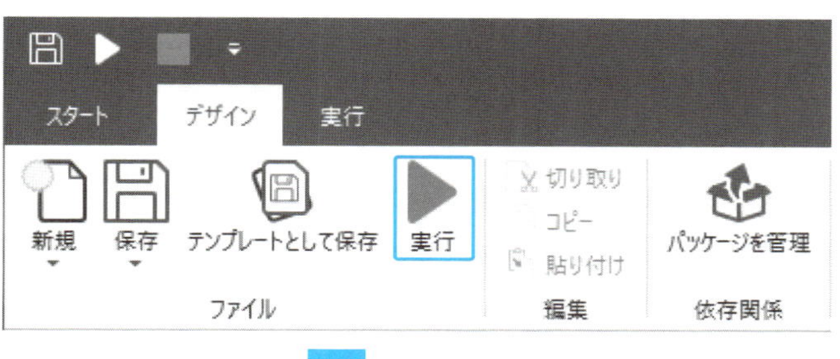

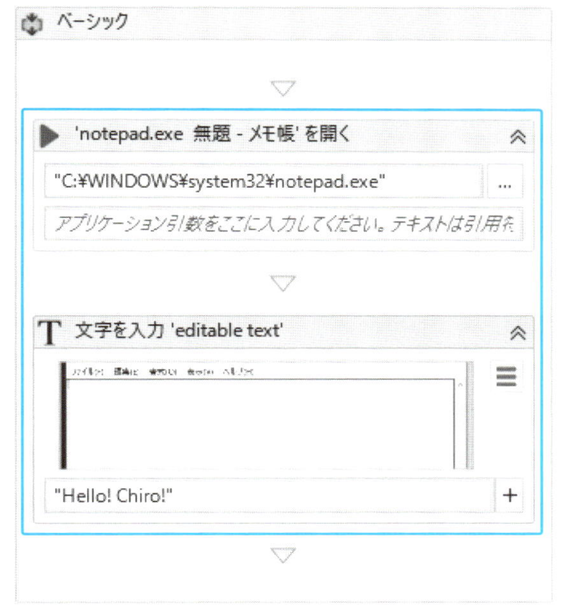

●プロジェクトを作成する

実際に、プロジェクトを作成してみましょう。

❶プロセスの新規作成

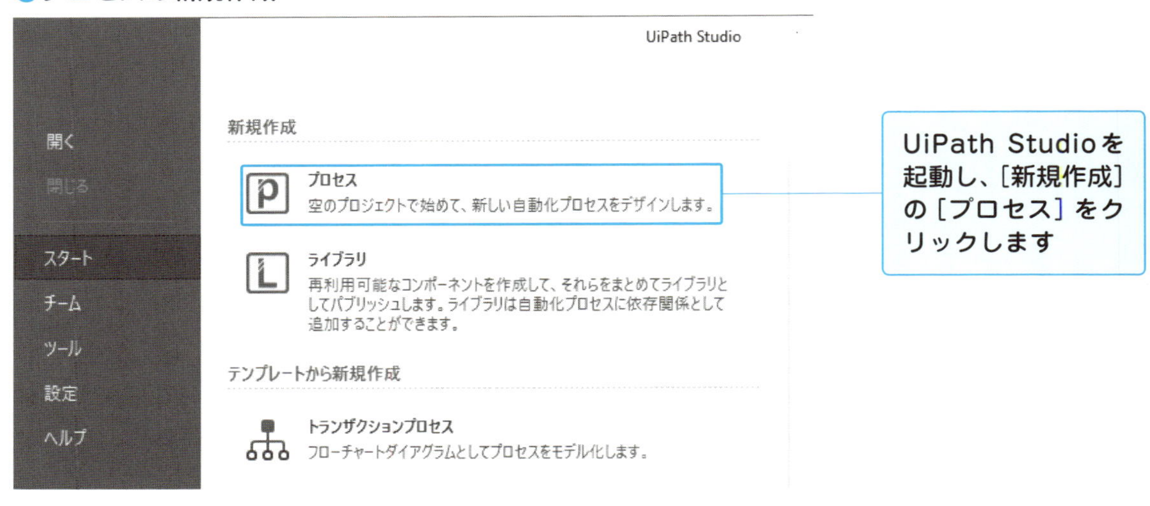

❷プロジェクトの名前と保存場所を入力する

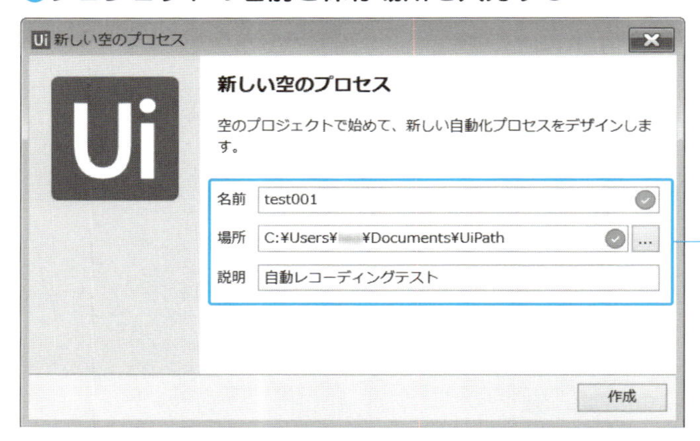

新しい空のプロセスダイアログが開くので、名前とファイルの保存場所を指定します。ここではプロセスの名前を「test001」、場所はデフォルトのまま、説明は「自動レコーディングテスト」とします

▼プロジェクトの名前と保存場所

名前	場所	説明
test001	デフォルト値 (C:¥Users¥ユーザー名¥Documents¥UiPath)	自動レコーディングテスト

❸新規プロセスが作成される

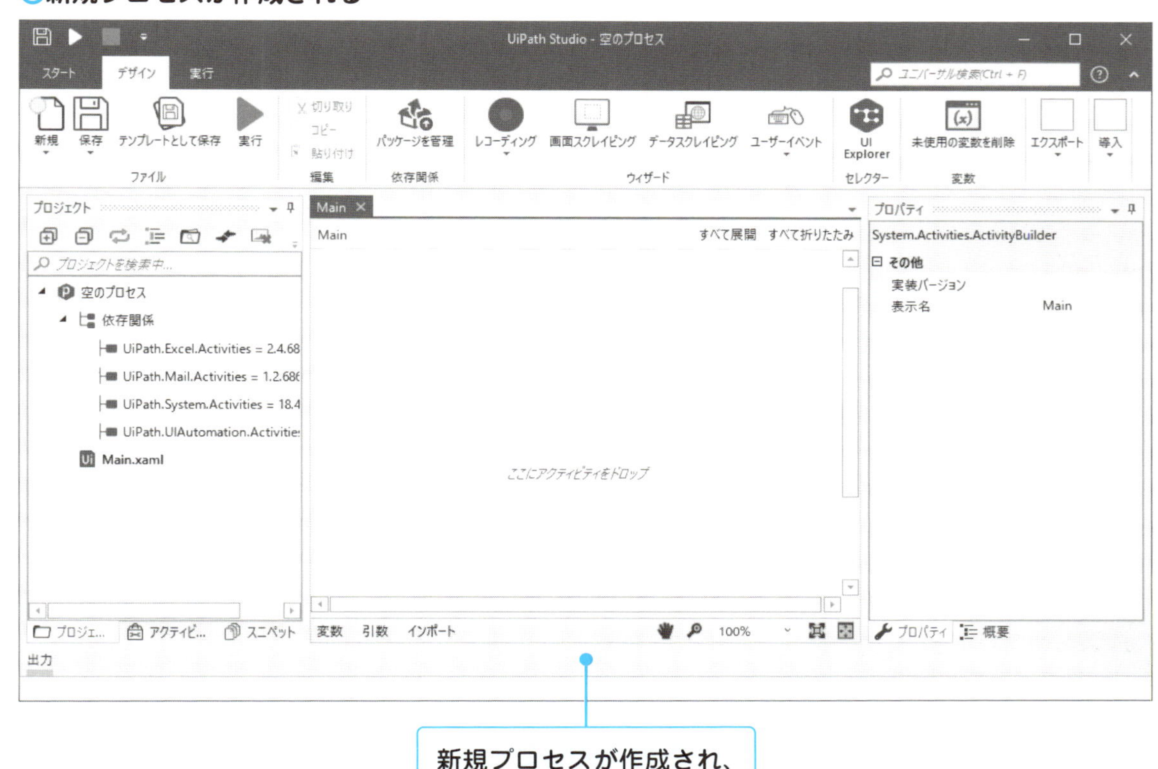

新規プロセスは、作成できましたか？　このプロジェクトは、そのまま次節でも使いますが、休憩したい場合は、UiPath Studioを終了させてしまってもかまいません。

次のページでは、いよいよレコーディングを行います。

2 レコーディング

1つずつ作っていくのは、大変そうですね

そういう人のために、レコーディング機能が用意されています！

レコーディングは、自動的・半自動的にワークフローを作成できるものです。すべてのワークフローが組めるわけではありませんが、最初のうちはレコーディングを使って慣れていくといいでしょう。

●編集画面でレコーディングする

レコーディングは、自動・手動で、操作を記録するものです。記録したい操作を行ったり、ボタンをクリックするだけで、この操作を自動化できます。

プロセスを作成して、編集画面を開くと、デザインリボンにいろいろなボタンがありますが、最初にレコーディングする際に使用するのは、[新規][保存][実行][レコーディング]の4つくらいです。

調整する時には、ほかのパネルやボタンも必要になってきますが、とりあえずは、この4つを使うと覚えておきましょう。

●編集画面の構成（レコーディング）

レコーディングした内容は、デザイナーパネルに表示されます。調整を行う場合は、表示されたアクティビティ（個々の操作）をクリックしてプロパティを変更したり、順番を変更します。

●レコーディングの種類

編集画面の［レコーディング］をクリックすると、**レコーディングコントローラー**（68ページを参照）が起動します。

レコーディングには、以下の5種類があり、種類ごとのレコーディングコントローラーが起動するので、まずはレコーディングの種類を選ぶ必要があります。

❶ベーシック
❷デスクトップ
❸ウェブ
❹画像
❺ネイティブCitrix

自動・手動ともに共通で、どのような操作をレコーディングの対象とするかで選択します。

❶ベーシック

ベーシックは、標準的なレコーディング方法です。デスクトップ上でのソフトウェアの操作や、キー入力、マウスの動きなどレコーディングします。

ほとんどの場合、このベーシックか、次に紹介するデスクトップを使うことになるでしょう。

各アクティビティは、どのウィンドウやボタンが、操作の対象であるかの情報を持ちます（**セレクター**と言います）。

そのため、シンプルで作りやすいのですが、対象ソフトウェアの変更などの改造はしづらくなります。

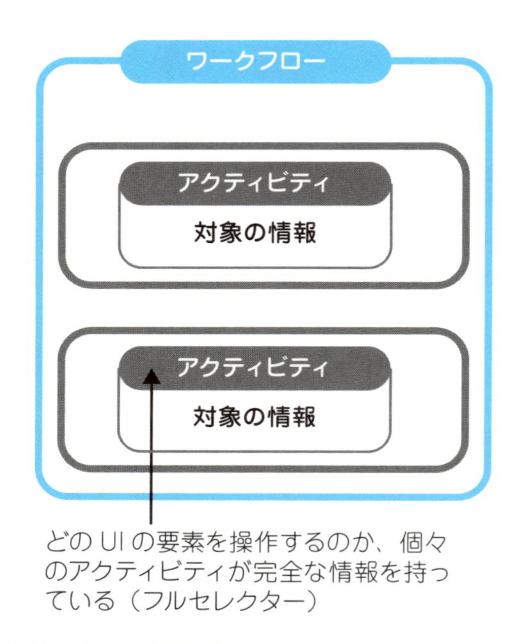

ベーシックレコーディングの情報とアクティビティ

❷デスクトップ

デスクトップはベーシックと同じく、標準的なレコーディング方法です。デスクトップ上でのソフトウェアの操作や、キー入力、マウスの動きなどレコーディングします。

ツール類などは、ベーシックと同じですが、個々のアクティビティは、コンテナのセレクターで指定されたウィンドウからの相対位置を表すセレクターのみ（**部分セレクター**）を保持します。

コンテナに入れ子状態となるため、見た目は複雑になりますが、カスタマイズしたい場合は便利です。

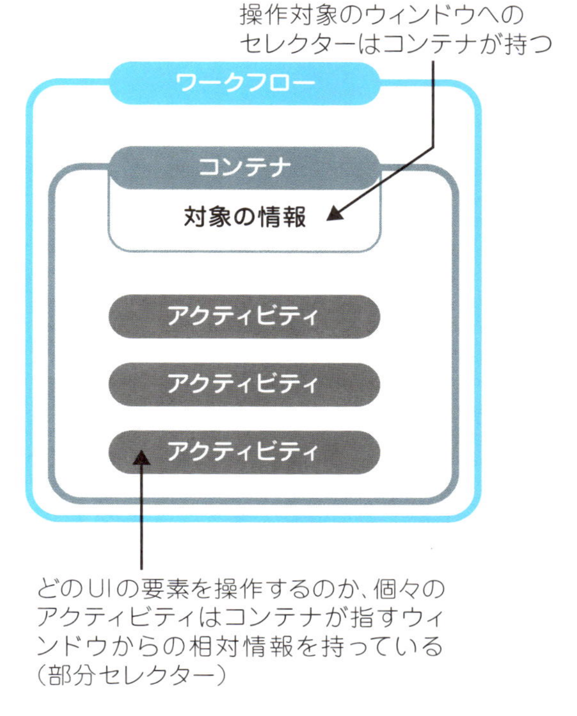

デスクトップレコーディングの情報とアクティビティ

❸ウェブ

ウェブは、Webアプリケーションやブラウザーでの記録用に特化したレコーディング方法です。ベーシックやデスクトップでは記録しづらいブラウザーでの操作を記録できます。

デスクトップと同じく、個々のアクティビティは、コンテナに収納されます。

❹画像

ベーシックやデスクトップは、メニュー名などのテキストで要素を確定しています。そのため、テキストがないような環境では、要素を確定できません。

しかし、この**画像**のレコーディング方法なら、画像を要素として指定できるため、AdobeのFLASHや仮想化環境での操作を記録することが可能となります。

❺ネイティブCitrix

ネイティブCitrixは、デスクトップと同じものですが、Citrix環境*に特化したレコーディング方法です。

＊ **Citrix環境**　シンクライアント（thin client）と呼ばれるもので、実際の処理はサーバーで行い、画面転送で遠隔操作するシステムの1つ。

●レコーディングのコントローラー

編集画面の［レコーディング］をクリックすると、レコーディング用の**コントローラー**（別名ツールバー）が起動します。

コントローラーは、レコーディングをするためのツールが集められたウィンドウです。レコーディングの種類ごとに用意されていますが、画像レコーディング以外のコントローラーは、ほぼ共通した内容です。

自動レコーディングでは、ウィザード部分のみを使用します。

手動レコーディングでは、アクション部分、保存＆終了を適宜使用します。

▼ベーシックレコーディングのコントローラー

▼［ウィザード］グループ

ツール	機能
❶保存＆終了	レコーディング内容を保存、終了する
❷レコーディング	自動レコーディングを開始する

▼［アクション］グループ

ツール	機能
❸アプリを開始	アプリケーション（ソフトウェア）を開く、閉じる操作を記録する。記録したい操作をドロップダウンメニューから選択した後、対象のアプリケーションをクリックして指定する
❹クリック	クリックする操作を記録する。デスクトップや実行中のアプリケーションでのクリック、ドロップダウンリストやコンボボックスのオプションの選択、チェックボックスやラジオボタンの選択を記録できる
❺タイプ	キーボードでの文字入力やショートカットキー（ホットキー）操作に関する操作を記録する。［タイプ］を選択し、対象のアプリケーションやWebサイトのフォームを選択すると、文字入力のポップアップウィンドウが表示され、記録できる。［ホットキーを押下］を選択すると、ショートカットキーでの操作を記録できる
❻コピー	選択したテキストをコピーし、変数*として格納する。コピーしたテキストは、変数として格納され、クリップボードには格納されないので注意

* **変数**　値を一時的に保存できる場所のこと。

⑦要素	マウスの右クリック、ホバー、ダブルクリックや、キーボード入力、要素の検出、ウィンドウを閉じるなど、UIの要素に関する操作を記録できる
⑧テキスト	テキストの選択、右クリックしてコンテキストメニューを表示する操作、テキストのコピーと貼り付けなど、テキストに対する操作を記録できる
⑨画像	特定の画像が非表示になるまで待機する操作、画面上の特定の画像の検索、画像の右クリックやホバーなど画像に対する操作を記録できる

●自動レコーディングと手動レコーディングの違い

自動レコーディングは記録したい操作を行ってレコーディングするのに対し、手動レコーディングはボタンで選んでレコーディングします。

自動レコーディングの特徴は、簡単・手軽であることです。ただし、記録できる操作は、左クリックとキー入力に限られるため、複雑なことはできません。

手動レコーディングの場合は、ボタンで選んでいくので、自動レコーディングではタイミングが難しいものや、対応していない右クリック、マウスの動きなども記録できます。

自動と手動を両方使ってレコーディングすることもできるため、上手く組み合わせるとよいでしょう。

▼記録できる操作の違い

種類	記録できる操作
自動	左クリック、テキストの入力
手動	アプリの開始と終了、左クリック、ダブルクリック、マウスホバー、右クリック、キー入力とホットキーの押下、テキストのコピー/選択、画面のスクレイピング、画像・項目の検出/消滅するのを待つ

3 自動レコーディング

自動レコーディングは、どのようなものですか？

登録したい操作を、実際に行うだけです。簡単ですよ！

自動レコーディングは、実際にその操作をしてみせるだけで、記録ができるレコーディングです。左クリックやテキストの入力が記録できます。

●自動レコーディングする

自動レコーディングをしてみましょう。レコーディングするのは、メモ帳に自動で「こんにちは」と入力するプロジェクトです。

▼実行前

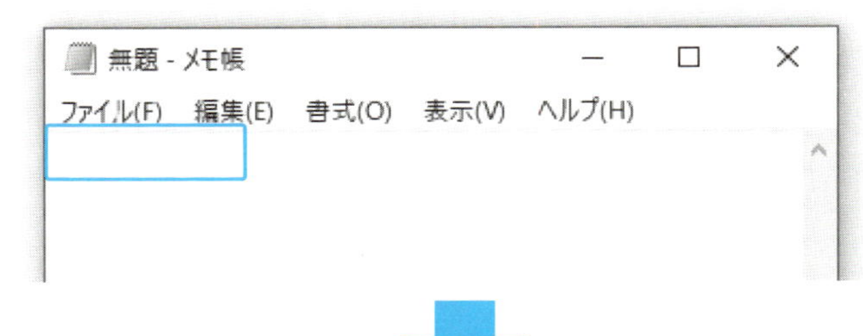

▼実行後

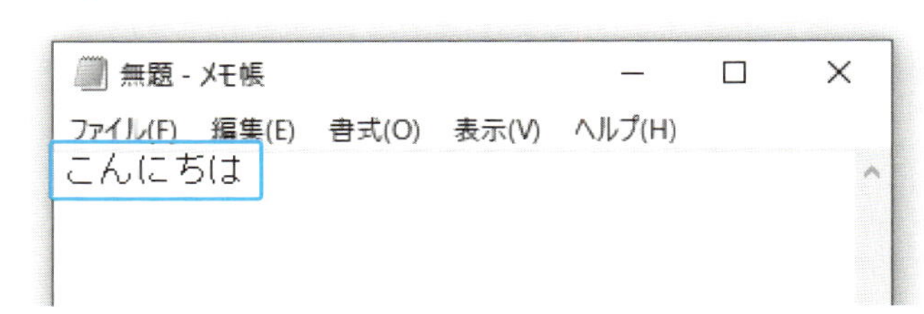

まず事前準備として、空のプロセスを作成し、編集画面を開いておきます。また、メモ帳を起動しておきます。プロセス名は「test001」です。プロジェクトは、3-1節で作成した「test001」をそのまま使用してかまいません。

もし、UiPath Studioを一度閉じている場合は、バックステージ画面の右カラムの「最近」の項目に作成したプロジェクトが表示されているので、そこをクリックすると開けます。

▼プロジェクトの名前と保存場所

名前	場所	説明
test001	デフォルト値 (C:¥Users¥ユーザー名¥Documents¥UiPath)	自動レコーディングテスト

それでは、自動レコーディングを始めます。

❶レコーディングコントローラーを起動する

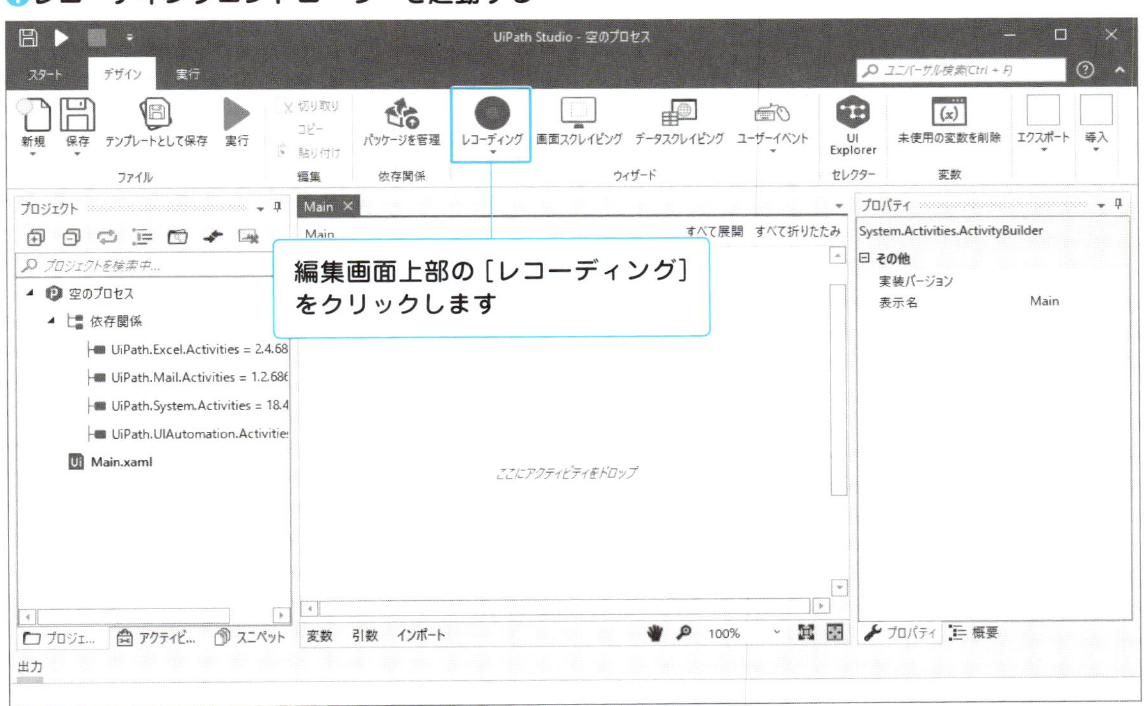

❷レコーディングの種類を選択する

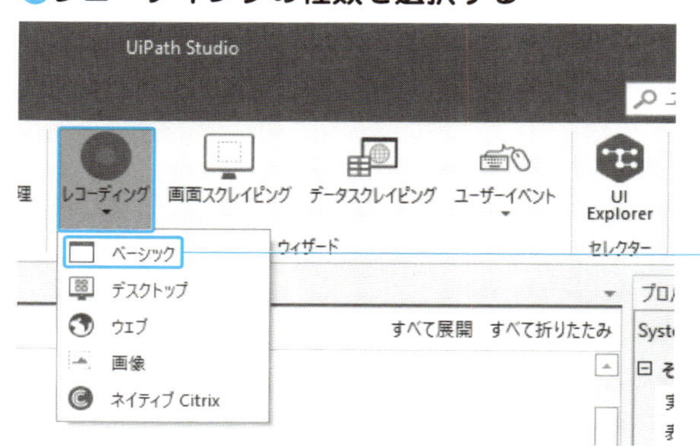

［レコーディング］のドロップダウンメニューが表示されるので、［ベーシック］を選択します

❸自動レコーディングを開始する

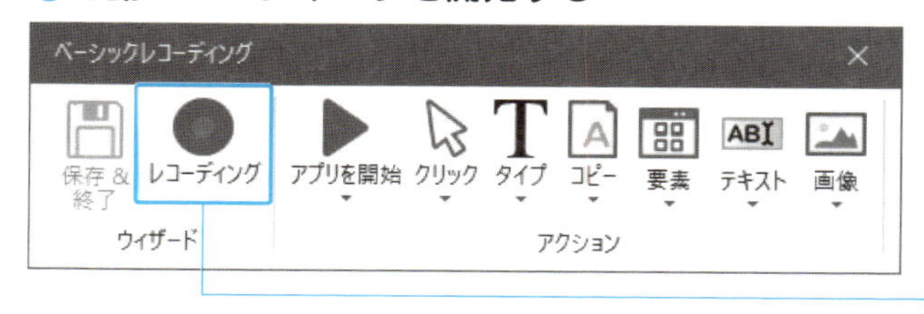

［ベーシック］を選択すると、対応するレコーディングコントローラーが開きます。［レコーディング］をクリックして、記録を開始します

❹操作対象を指定する

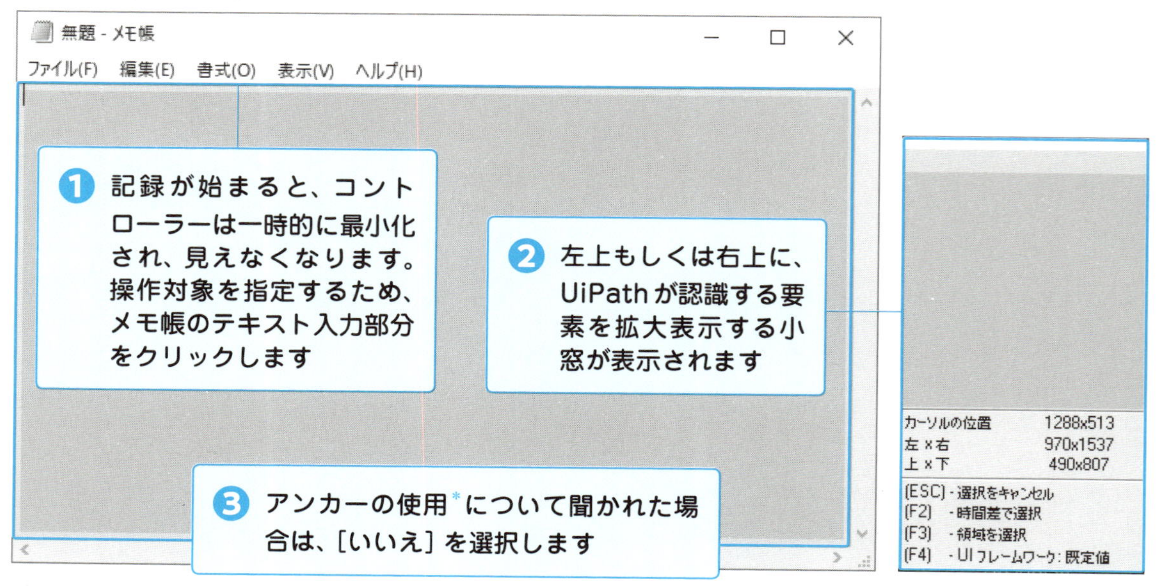

❶ 記録が始まると、コントローラーは一時的に最小化され、見えなくなります。操作対象を指定するため、メモ帳のテキスト入力部分をクリックします

❷ 左上もしくは右上に、UiPath が認識する要素を拡大表示する小窓が表示されます

❸ アンカーの使用*について聞かれた場合は、［いいえ］を選択します

＊アンカーの使用　75ページのコラムを参照。

❺入力内容を記録する

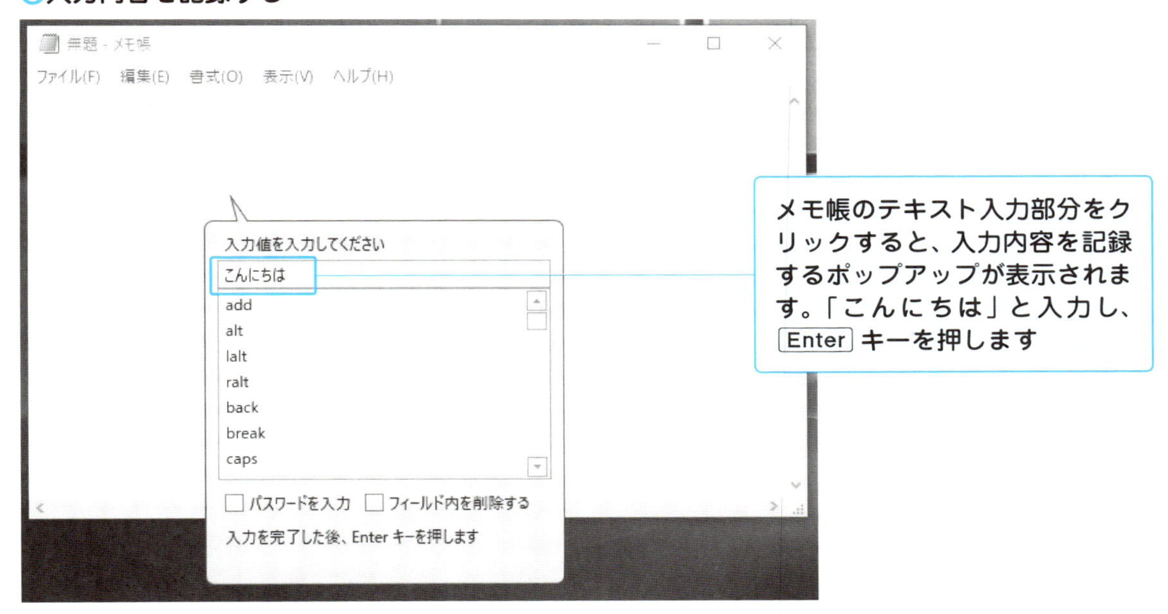

❻レコーディングを休止する

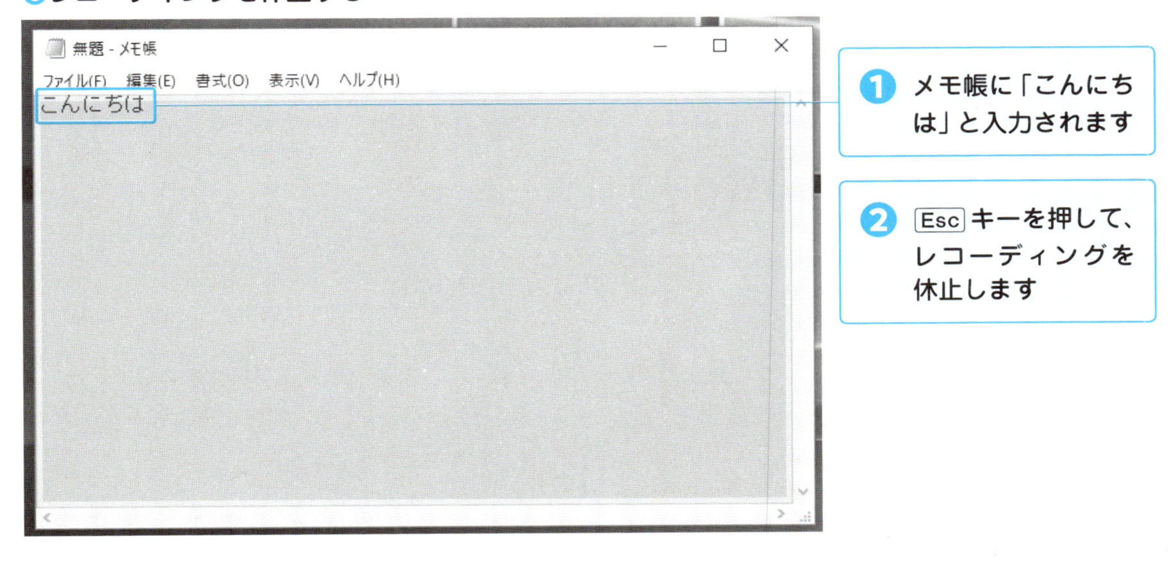

❶ メモ帳に「こんにちは」と入力されます

❷ [Esc]キーを押して、レコーディングを休止します

⑦レコーディングの保存と終了

レコーディングコントローラーが再表示されるので、[保存 & 終了]をクリックして、レコーディングを保存し、編集画面に戻ります

⑧操作がアクティビティの形で記録される

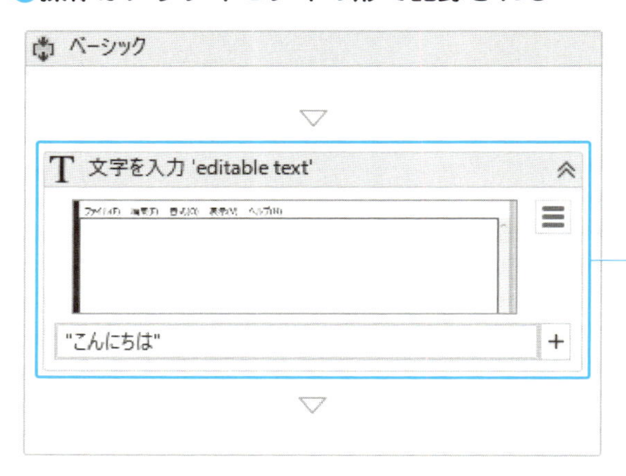

デザイナーパネルにワークフローが作成されます

⑨プロジェクトを保存する

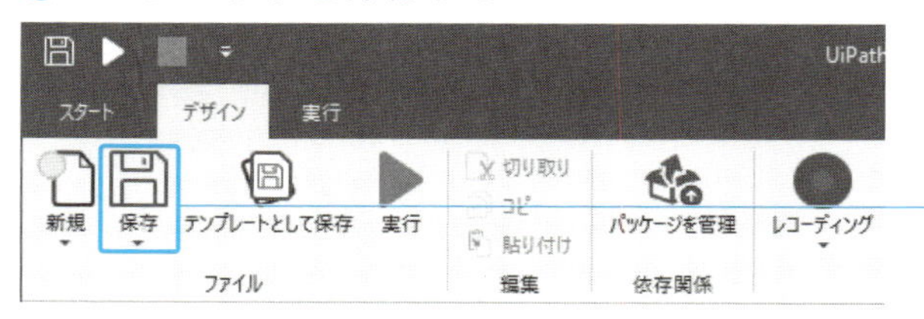

編集画面の[保存]をクリックし、プロジェクトを保存します

編集画面に戻れば、レコーディングの終了です。操作を間違えてしまった場合は、編集画面で、ワークフローの枠をクリックし、Delete キーを押せば、記録内容が削除できるので、もう一度やり直してみてください（詳しくは、86ページを参照）。

Column アンカーの使用

UI（ユーザーインターフェース）の要素を特定する時に、アンカーの使用について聞かれることがあります。

アンカーを使用しない場合、UIの要素を直接選択するセレクターがクリックアクティビティに設定されます。アンカーを使用した場合は、アンカーとして設定したUIの要素へのセレクターと、このUIの要素からの相対位置として当該のUIの要素の場所が記録されます。

アンカーを使用しないと、信頼できるセレクターが生成できないことがありますが、基本的には使用しないを選択し、上手くいかない場合のみ、使用すればよいでしょう。

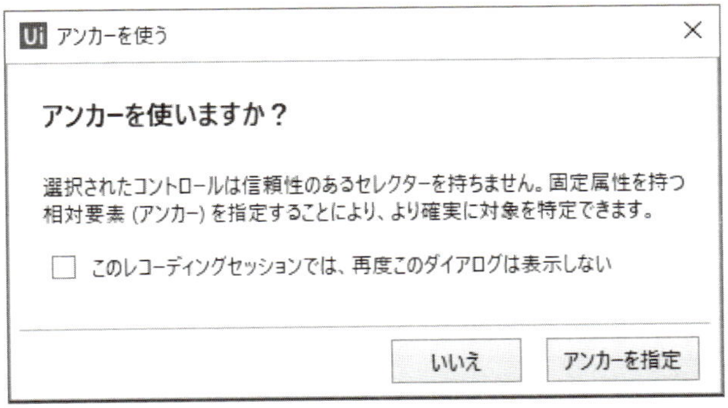

Ui アンカーを使う

アンカーを使いますか？

選択されたコントロールは信頼性のあるセレクターを持ちません。固定属性を持つ相対要素（アンカー）を指定することにより、より確実に対象を特定できます。

□ このレコーディングセッションでは、再度このダイアログは表示しない

いいえ　アンカーを指定

レコーディングしたプロジェクトの実行

自動レコーディングで、僕でも簡単にワークフローができました！

では、さっそく実行してみましょう!!

レコーディングしたものを実行するには、デザインパネルか実行パネルで行います。実行してレコーディングを確認してみましょう。

●レコーディングしたプロジェクトを実行する

レコーディングを保存したら、実行してみましょう。実行は、編集画面か、実行画面で行います。

実行時も、メモ帳は開いておいてください。現在、先ほどレコーディングに使ったため、「こんにちは」という文字が入力されていると思います。そのままの状態で実行してみましょう。

パソコンによっては、少し時間がかかることもありますが、途中で止めたくなった場合は、F12キーを押してください。

実行を途中で止める場合は、F12キーを押す

それでは、レコーディングしたものを実行しましょう。事前に編集画面と、メモ帳を開いておきます。また、メモ帳は「こんにちは」という文字が入ったままでかまいません。

❶実行する

❷「こんにちは」と入力される

メモ帳に「こんにちは」と入力されることを確認します（パソコンによっては、実行に時間がかかることがあります）

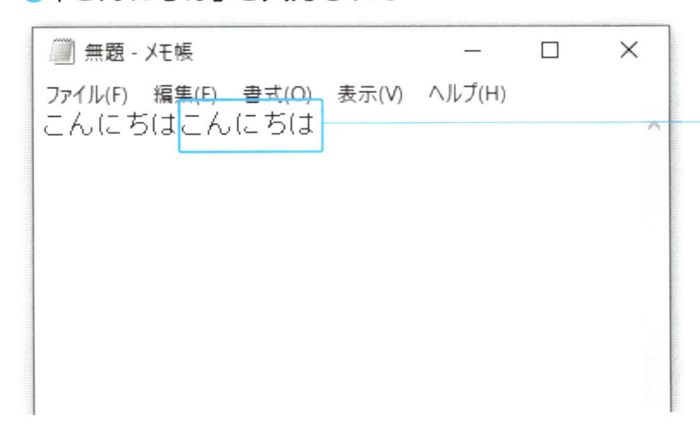

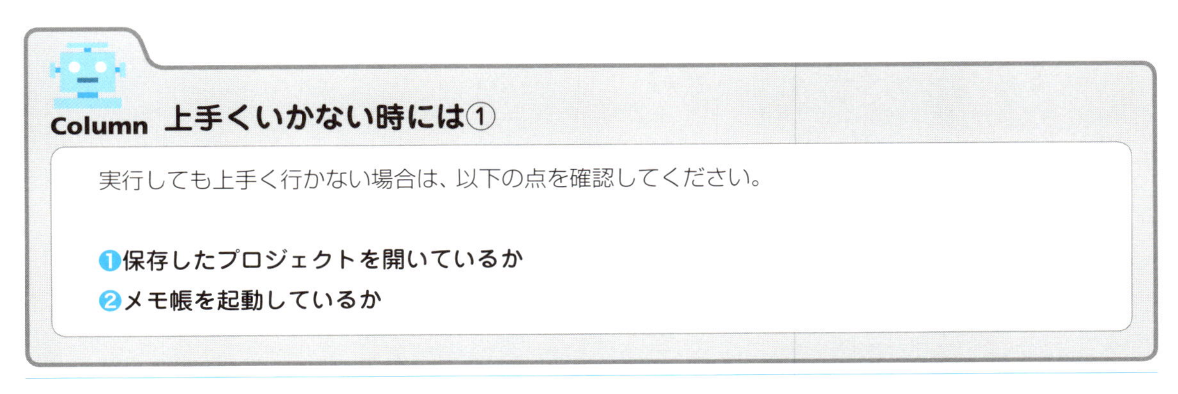

Column　上手くいかない時には①

実行しても上手く行かない場合は、以下の点を確認してください。

❶保存したプロジェクトを開いているか
❷メモ帳を起動しているか

●何度も同じプロジェクトを実行する

「こんにちは」を表示するプロジェクトが上手くいったら、今度は何度か同じプロジェクトを実行してみましょう。

まず、デザインウィンドウと、メモ帳を開いておきます。メモ帳は「こんにちは」という文字が入ったままです。

❶［実行］をクリックする

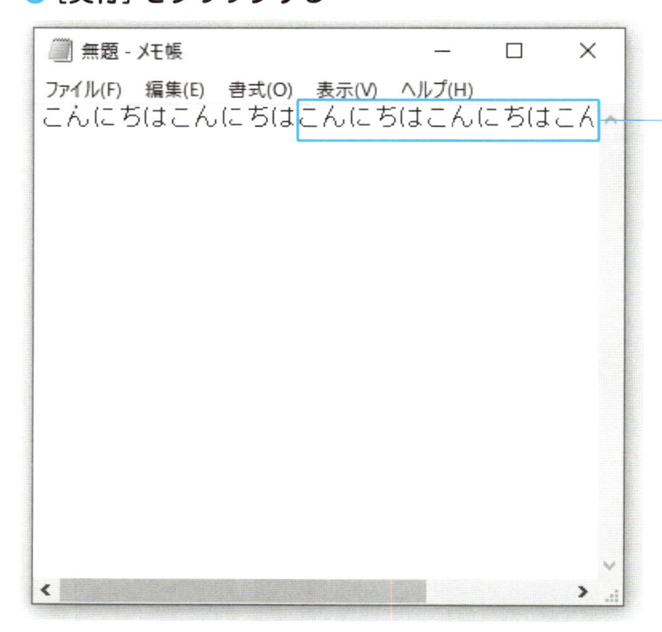

再び［実行］をクリックします。実行されるたびに「こんにちは」が追記されます

5 手動レコーディング

もう少し複雑なものをレコーディングしてみたくなりました

それでは、手動レコーディングをしてみましょう！

手動レコーディングは、自動レコーディングよりも処理できる操作の範囲が大きく広がります。ボタンをクリックして操作するだけなので、こちらも簡単です。

●手動レコーディングとは

レコーディングの種類で説明したように、自動レコーディングでは処理できない操作がいくつかあります。そこで、レコーディングコントローラーの［アクション］を使用して記録します。

これを**単一アクション**または**手動レコーディング**と呼び、自動レコーディングでは記録できないような、ソフトウェアの起動や終了、右クリックの操作なども記録できます。

ドロップダウンメニューから選ぶなどの時間差が必要な操作も、自動では時間が考慮されないので、手動レコーディングのほうがよいでしょう。

●手動レコーディングする

手動レコーディングをしてみましょう。レコーディングするのは、自動レコーディングでも行ったメモ帳に自動で「Hello」と入力するプロジェクトです。

ただし、今回は、自動レコーディングでは記録できないメモ帳の起動も記録してみましょう。

無題 - メモ帳
ファイル(F)　編集(E)　書式(O)　表示(V)　ヘルプ(H)

無題 - メモ帳
ファイル(F)　編集(E)　書式(O)　表示(V)　ヘルプ(H)
Hello

自動レコーディングの時と同じように、事前準備として、プロジェクトを作成しておき、メモ帳を起動しておいてください。プロジェクト名は「test002」とし、新たに作ってください。

▼プロジェクトの名前と保存場所

名前	場所	説明
test002	デフォルト値 (C:¥Users¥ユーザー名¥Documents¥UiPath)	手動レコーディングテスト

❶レコーディングコントローラーを起動する

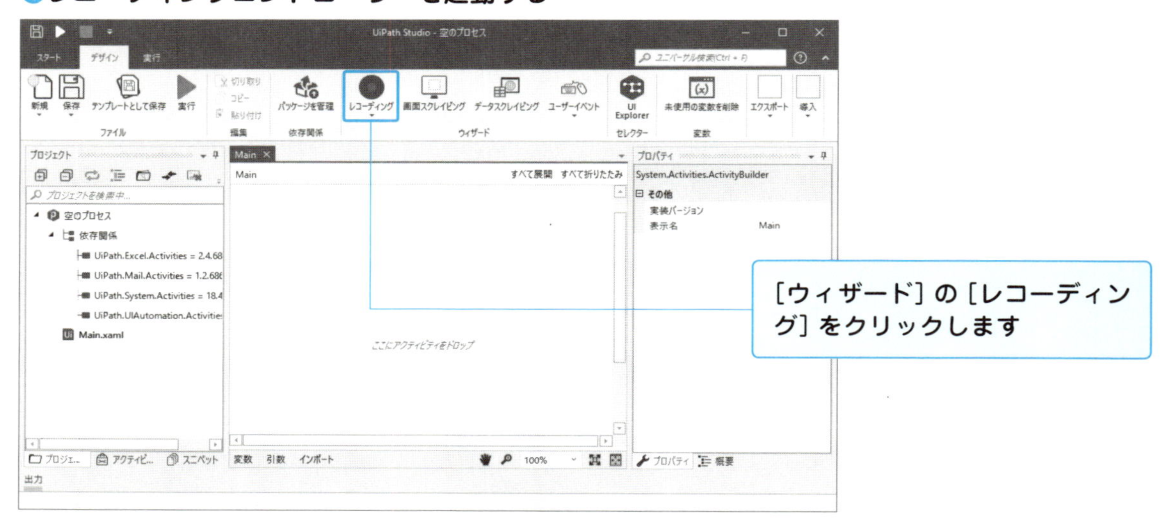

[ウィザード] の [レコーディング] をクリックします

❷レコーディングの種類を選択する

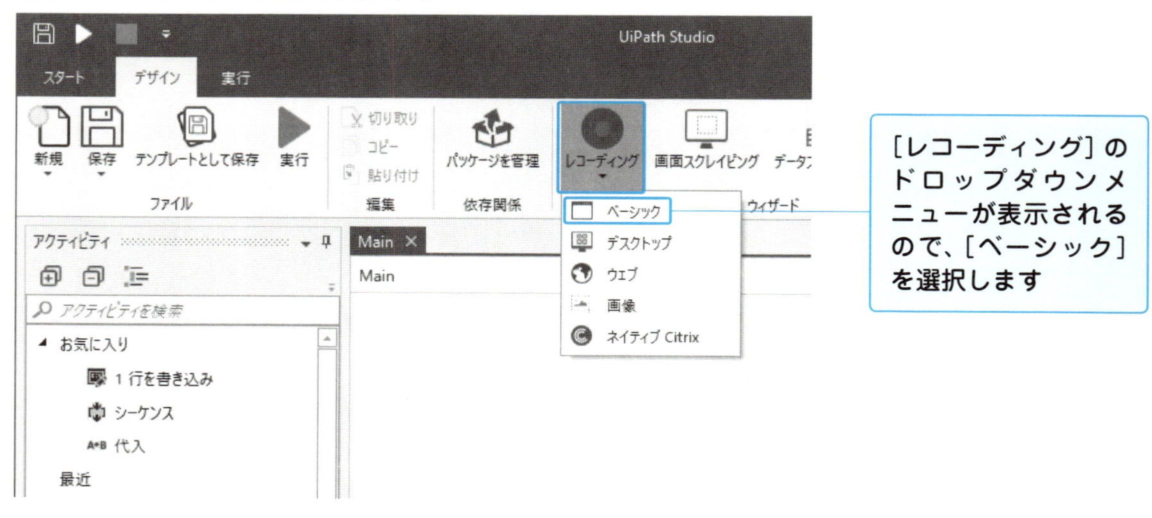

[レコーディング] のドロップダウンメニューが表示されるので、[ベーシック] を選択します

❸メモ帳の起動を記録する

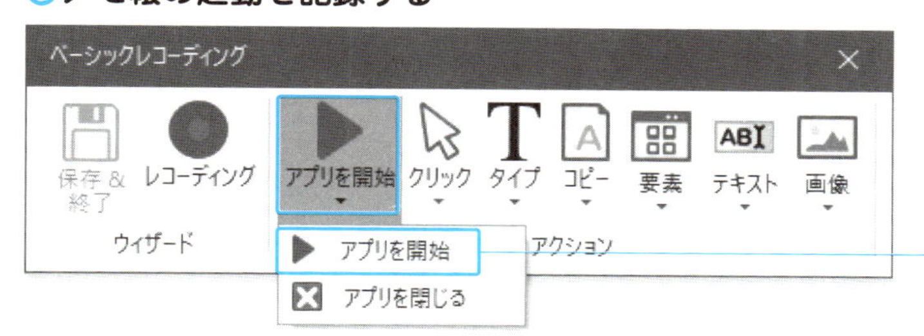

［アプリを開始］のドロップダウンメニューから［アプリを開始］を選択します

❹操作対象を指定する

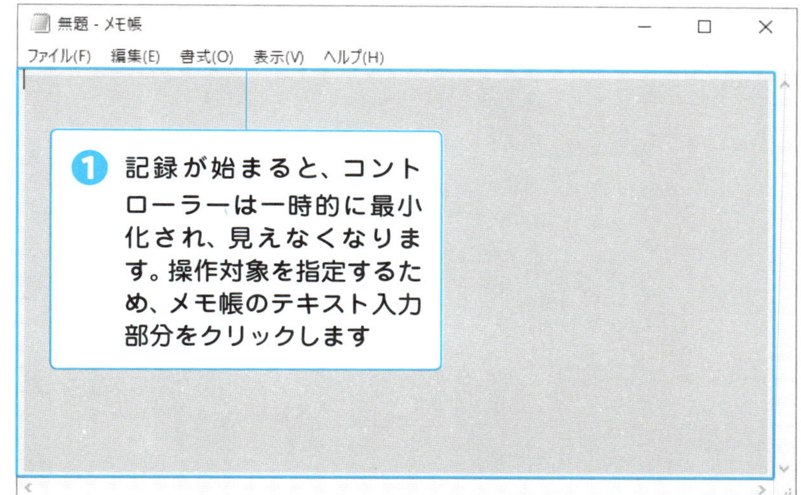

❶ 記録が始まると、コントローラーは一時的に最小化され、見えなくなります。操作対象を指定するため、メモ帳のテキスト入力部分をクリックします

❷ 左上もしくは右上に、小窓が表示されます

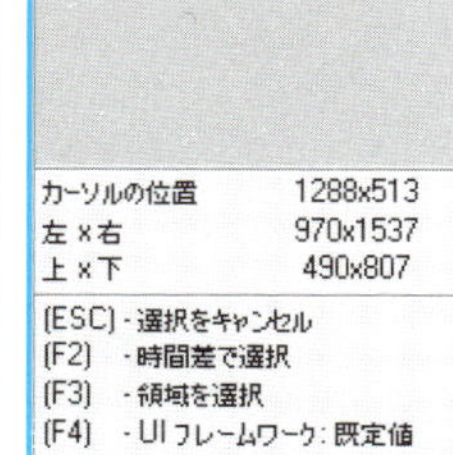

❺アプリケーションのパスを指定する

「アプリケーションのパス」についてのポップアップが表示されます。引数の欄に何も入力せず、空のままで［OK］ボタンをクリックします

❻キー入力ポップアップが起動する

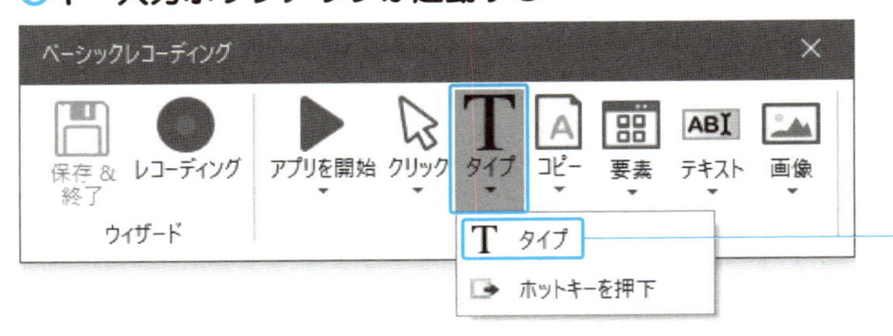

コントローラーが表示されたら、[タイプ] のドロップダウンメニューから [タイプ] を選択します

❼メモ帳をクリックする

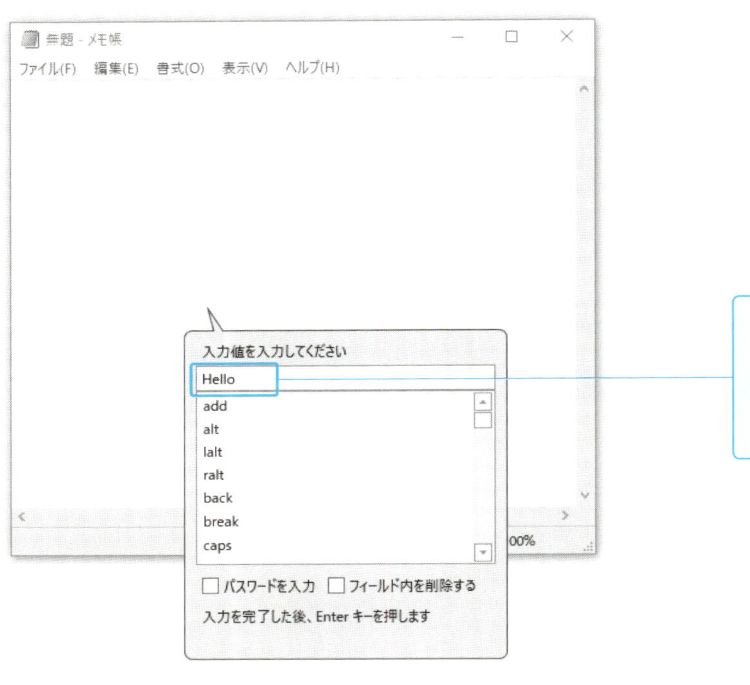

メモ帳をクリックすると、入力内容を記録するポップアップが表示されます。「Hello」と入力して、Enter キーをします

❽レコーディングの保存と終了

レコーディングコントローラーが再表示されます。[保存&終了] をクリックして、レコーディングを保存し、編集画面に戻ります

❾操作がアクティビティの形で記録される

デザイナーパネルにワークフローが作成されます

❿プロジェクトを保存する

編集画面の［保存］をクリックし、プロジェクトを保存します

プロジェクトができたら、実行してみましょう。編集画面の［実行］をクリックします。

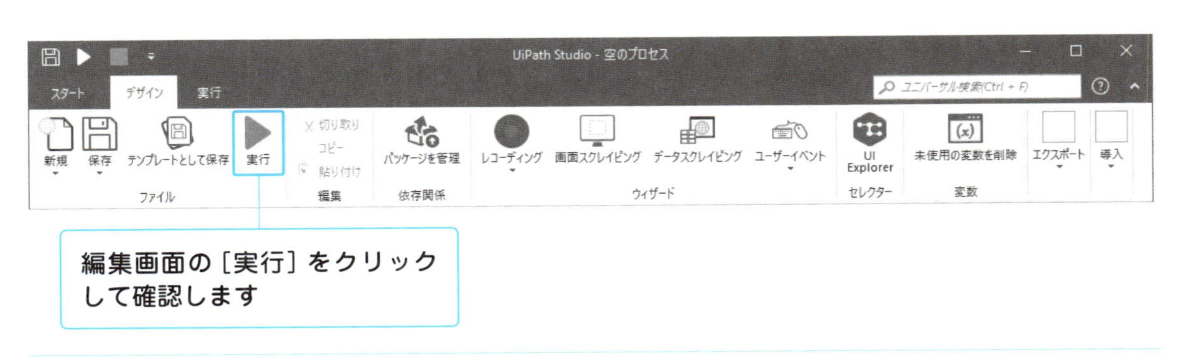

［実行］をクリックするたびにメモ帳が起動し、「Hallo」の文字を書き込みます。

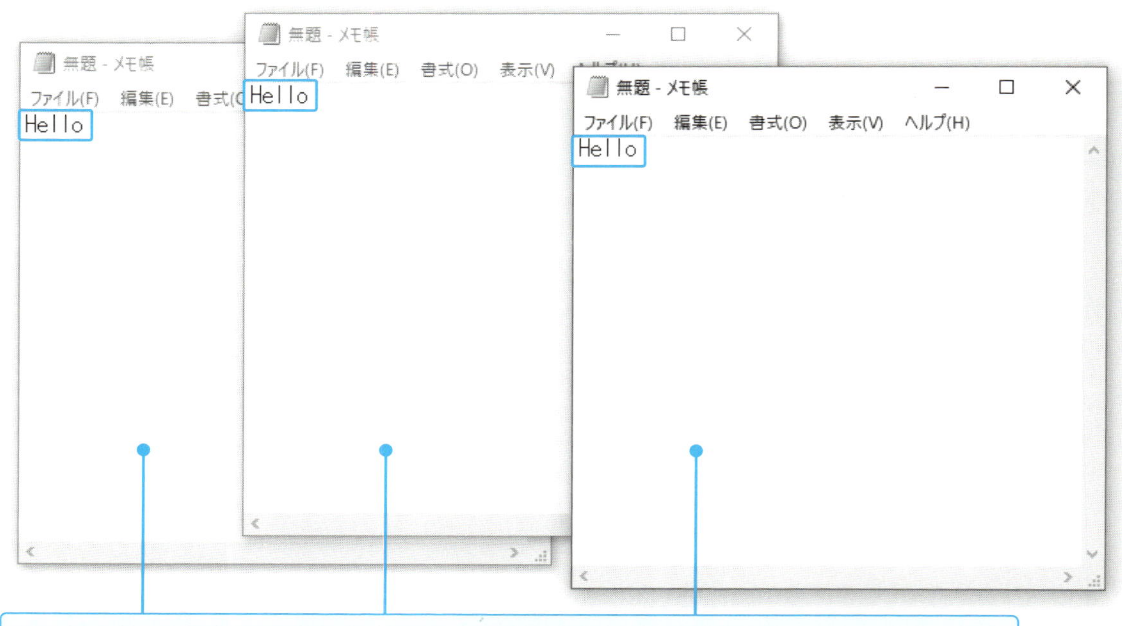

6 レコーディングしたプロジェクトの調整

レコーディングが全然、上手くいきませんでした……

後から調整できるから、大丈夫ですよ！

アクティビティは入れ替えたり、コピーや削除など、さまざまな調整ができます。レコーディング時に操作を失敗してしまった時にも、後から調整ができます。

●レコーディングしたプロジェクトを調整する

レコーディングに慣れてきたところで、次は、レコーディングしたプロジェクトを目的に合わせて調整してみましょう。

調整は、編集画面のデザイナーパネル上で行います。レコーディングしたアクティビティの入れ替えやコピー、削除、さらには、参考スクリーンショット（処理内容を示す画像）の変更と削除、後の章で紹介するアクティビティの追加などができます。

●アクティビティの入れ替え

アクティビティの順番は、簡単に入れ替えられます。該当のアクティビティをクリックし、ドラッグすると移動できます。

これにより、実行する順番が変更されます。

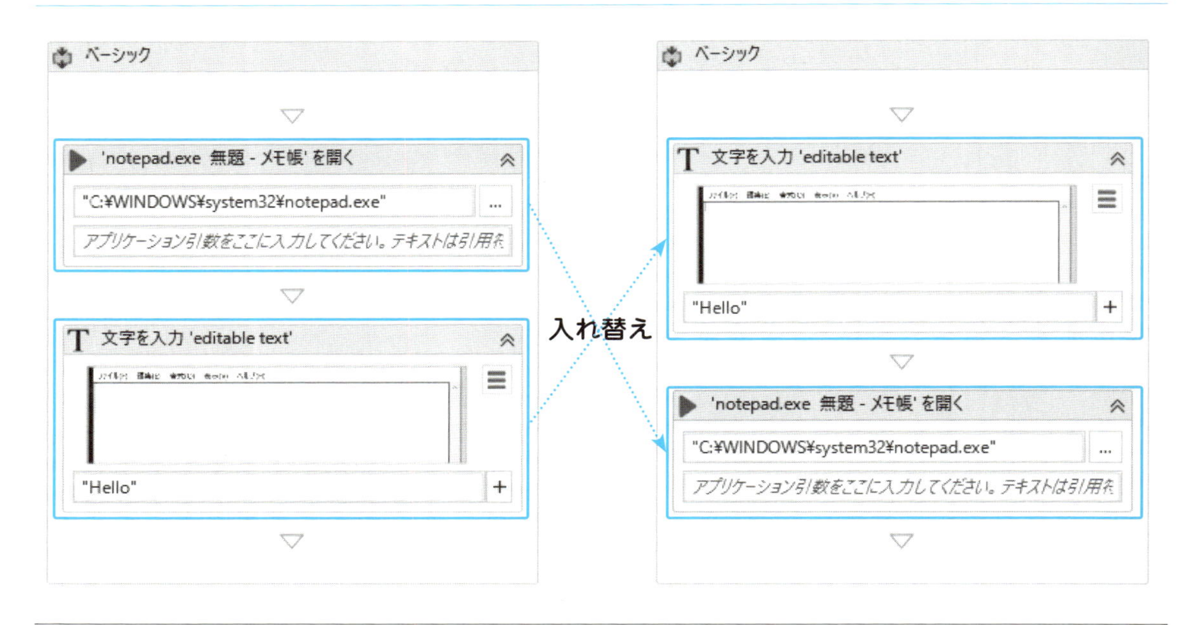

アクティビティは入れ替えられる

●アクティビティのコピーや削除（コンテキストメニュー）

アクティビティのコピーや削除は、該当のアクティビティやワークフロー上で右クリックすると選択できます。

アクティビティを選択した状態で、Delete キーを押すことでも削除できます。

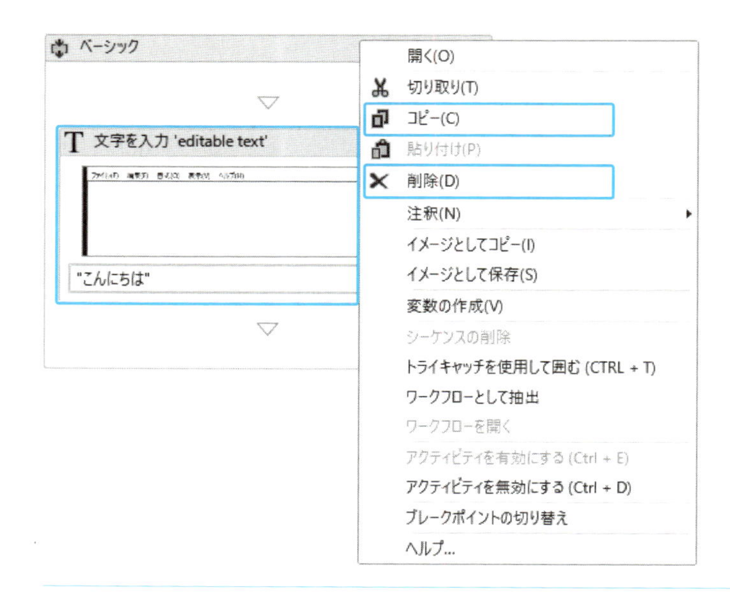

●参考スクリーンショットの変更と削除（オプションメニュー）

アクティビティの中にある処理内容を示す画像の**参考スクリーンショット**も変更・削除できます。［オプションメニュー］をクリックし、メニューから選択できます。

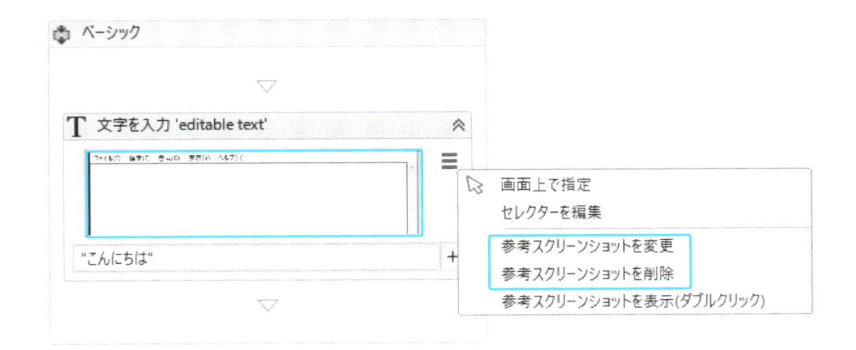

●プロパティパネルによる調整

調整には、**プロパティパネル**を使用します。プロパティパネルは、デザイナーパネルで選択されたアクティビティの**プロパティ**（特性や設定内容）を表示します。

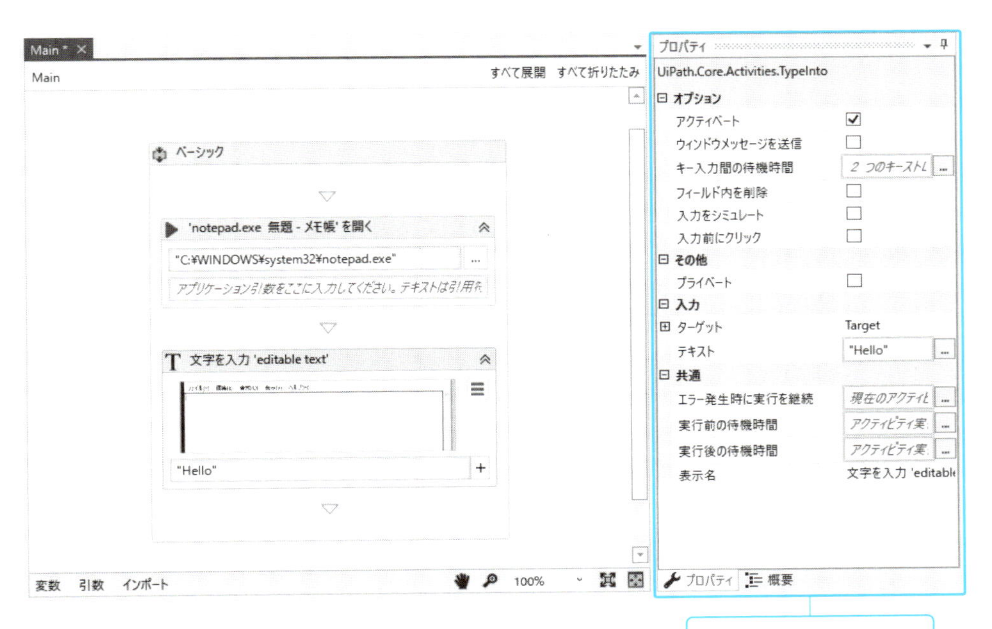

試しに、3-4節で手動レコーディングしたプロジェクトを開き、アクティビティをクリックしてみてください。これは、このアクティビティのプロパティです。

違うアクティビティをクリックしてみましょう。すると、項目の内容が若干変わったはずです。

このように、アクティビティ単位で何か調整したい場合は、このパネルで行います。実際にやってみましょう。

●「Hello」を「Hello!Chiro!」に書き換える

書き込む文字の「Hello」を「Hello!Chiro!」に書き換えます。事前準備として、バックステージ画面から3-4節で作成した「test002」プロジェクトを開いておきます。

❶アクティビティの選択とプロパティパネルの表示

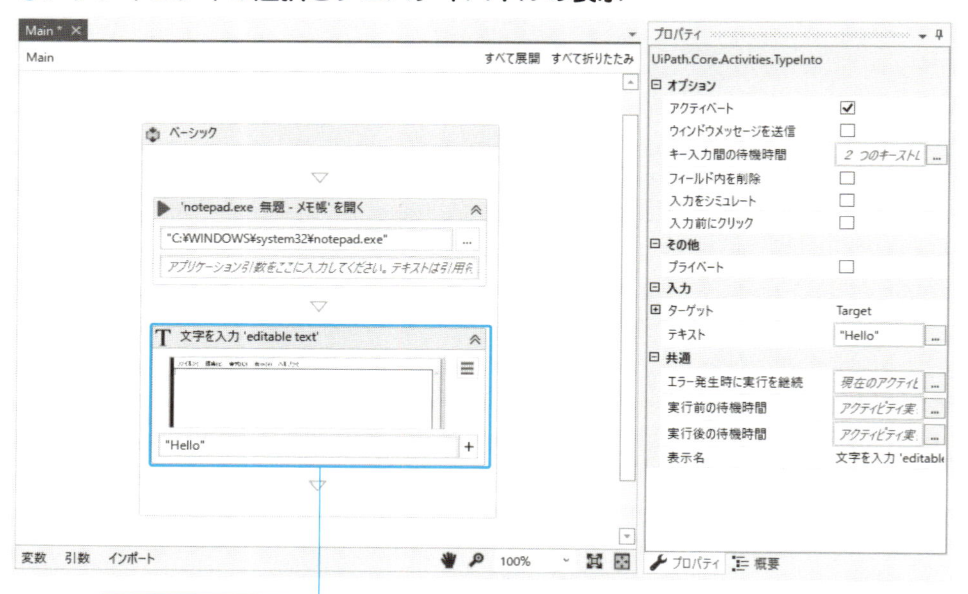

「文字を入力' editable text'」とあるアクティビティをクリックして、プロパティパネルを切り替えます

❷書き換える

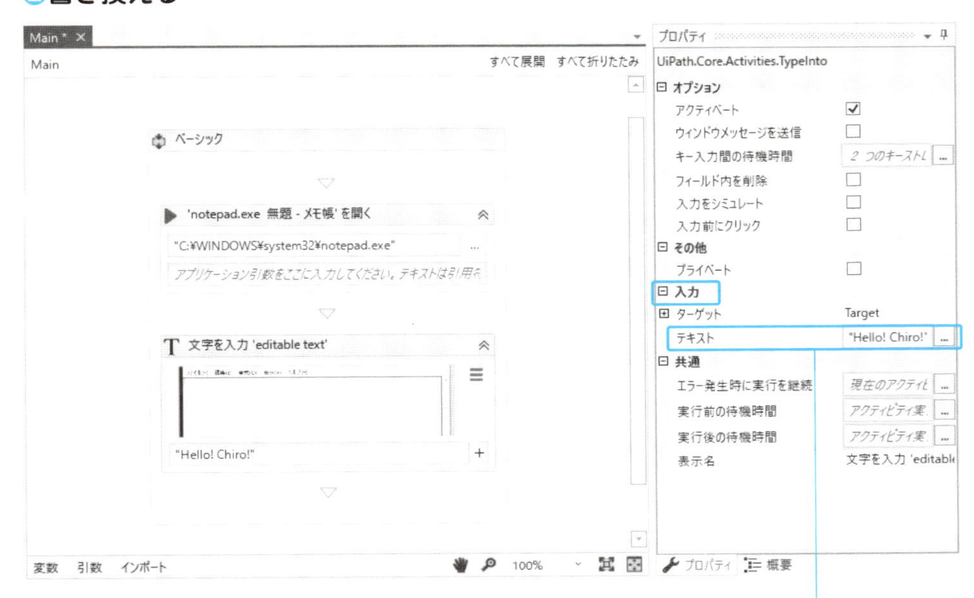

プロパティパネルの［入力］の［テキスト］にある「"Hello"」となっている箇所を「"Hello!Chiro！"」に書き換えます（Chiroの部分は、自分の名前を入れてみましょう）

❸プロジェクトを保存する

編集画面の［保存］をクリックし、プロジェクトを保存します

プロジェクトができたら、実行してみましょう。編集画面の［実行］をクリックします。

編集画面に戻るので、[実行] をクリックし実行すると、実行した回数だけ新しくメモ帳が起動し、「Hello!Chiro!」の文字を書き込みます編集画面に戻るので、[実行] をクリックして確認します

[実行] をクリックするたびにメモ帳が起動し、「Hallo!Chiro!」の文字を書き込みます。

実行すると、実行した回数だけ新しくメモ帳が起動し、「Hello!Chiro!」の文字を書き込みます

上手くテキストは変更されたでしょうか。次の第4章では、もう少し複雑なレコーディングに挑戦していきます。

Chapter 4

レコーディングに慣れよう

時間差レコーディング

レコーディングに慣れてきました

では、そろそろWordを使ったレコーディングにも挑戦してみましょう！

レコーディングに慣れたところで、もう少し複雑なレコーディングを行います。複数のソフトウェアの操作に挑戦してみましょう。

●やりたいことを操作に落とし込む

今までは1つのソフトウェアを対象に操作してきましたが、そろそろ2つのソフトウェアの操作に挑戦してみましょう。お待たせしました。ついに**Word**の登場です。また、今回は、**時間差レコーディング**も行います。

今回、練習するレコーディングは、**メモ帳**の内容をWordに貼り付けます。少し、それらしくなってきましたね。

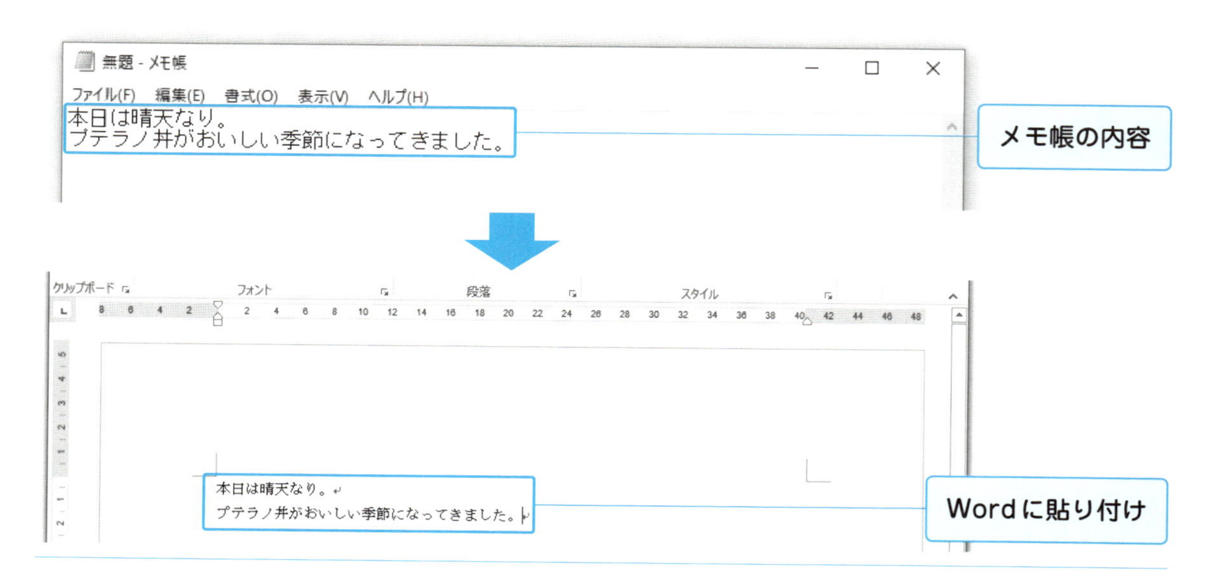

メモ帳からWordにコピー＆ペーストする作業は、以下の3つの操作に分けられます。

❶該当箇所の範囲指定
❷コピー
❸Wordへの貼り付け

特定の場所を範囲指定するのは、まだ少し難しいので、今回は、メモ帳の内容をすべてWordに移すことにします。

範囲指定、コピー、貼り付けを実際の作業に分解してみましょう。

❶メモ帳で、すべての内容を範囲指定するには、メニューの［編集］から［すべて選択］を選びます。
❷クリップボードにコピーするには、メニューの［編集］から［コピー］です。
❸Wordへの貼り付けは、リボンの［貼り付け］ボタンをクリックします（マウス操作で行うやりかたもありますが、今回はメニューから選択して操作します）。

▼やりたいことと実際の操作

やりたいこと	実際の操作
❶該当箇所の範囲指定	➡［編集］をクリック、［すべて選択］をクリック
❷コピー	➡［編集］をクリック、［コピー］をクリック
❸Wordへの貼り付け	➡［貼り付け］をクリック

これでレコーディングする内容が見えてきましたね。

❶［編集］をクリック
❷［すべて選択］をクリック
❸［編集］をクリック
❹［コピー］をクリック
❺［貼り付け］をクリック

このように、レコーディングする前に、あらかじめ記録すべき内容を書き出しておくと、スムーズに作業できます。

●時間差レコーディング

なお、今回は、ドロップダウンメニューを使用するので、**時間差レコーディング**を行います。

時間差レコーディングは、コントローラーで選択してから、F2 キーを押すと、右下にカウントダウンが表示され、その3秒間に行われる操作は、レコーディングされなくなります。

ドロップダウンメニューのように、何かをクリックしてから表示されるようなものは、この機能を使います。

なお、F2 キーは、キーボードの上部にありますが、ノートパソコンなど、一部のパソコンの場合は、Fn キーを押しながら使うタイプもあります。

●メモ帳の内容をWordに貼り付ける①

それでは、メモ帳の内容をWordに貼り付けてみましょう。事前準備として、空のプロセスを作成し、編集画面を開いておきます。また、メモ帳とWordも起動し、メモ帳には、Wordにコピーする文章を作成しておきます。

プロセス名は、「test011」とします。

▼プロジェクトの名前と保存場所

名前	場所	説明
test011	デフォルト値 (C:¥Users¥ユーザー名¥Documents¥UiPath)	メモ帳からWordに貼り付け01

❶コントローラーを起動する

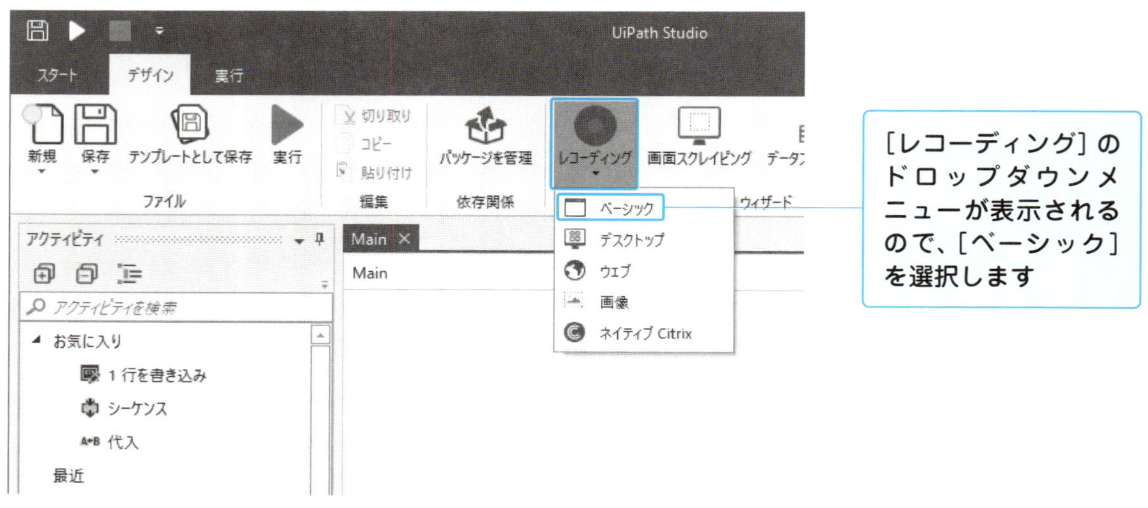

❷［クリック］を選択する

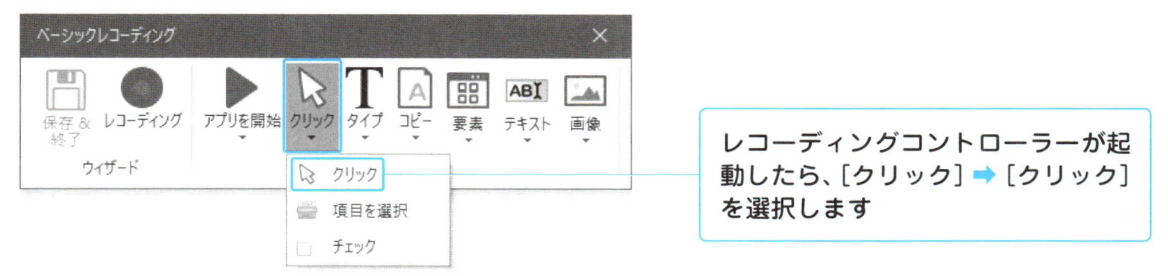

レコーディングコントローラーが起動したら、［クリック］➡［クリック］を選択します

❸メモ帳の［編集］を選択する

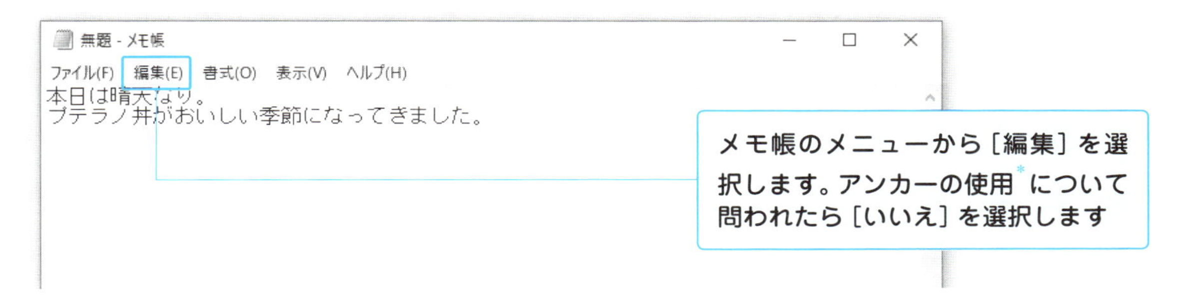

メモ帳のメニューから［編集］を選択します。アンカーの使用*について問われたら［いいえ］を選択します

❹［クリック］を選択する

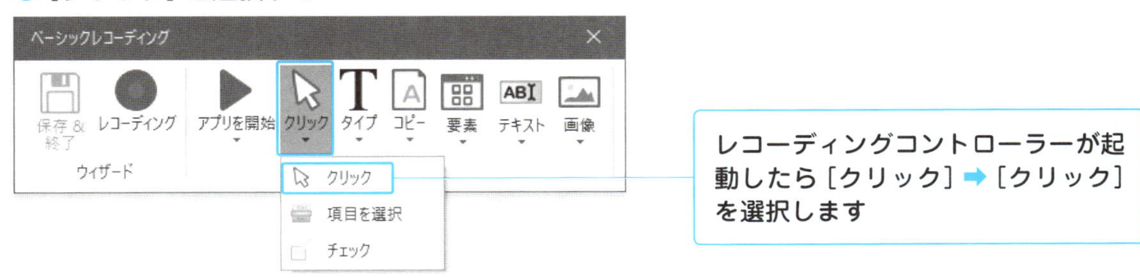

レコーディングコントローラーが起動したら［クリック］➡［クリック］を選択します

❺レコーディングを遅らせる

レコーディングを遅らせるために、F2 キーを押します。それに合わせて、モニター画面の右下でカウントダウンが始まります

＊アンカーの使用　75ページのコラムを参照。

⑥ドロップダウンメニューを表示する

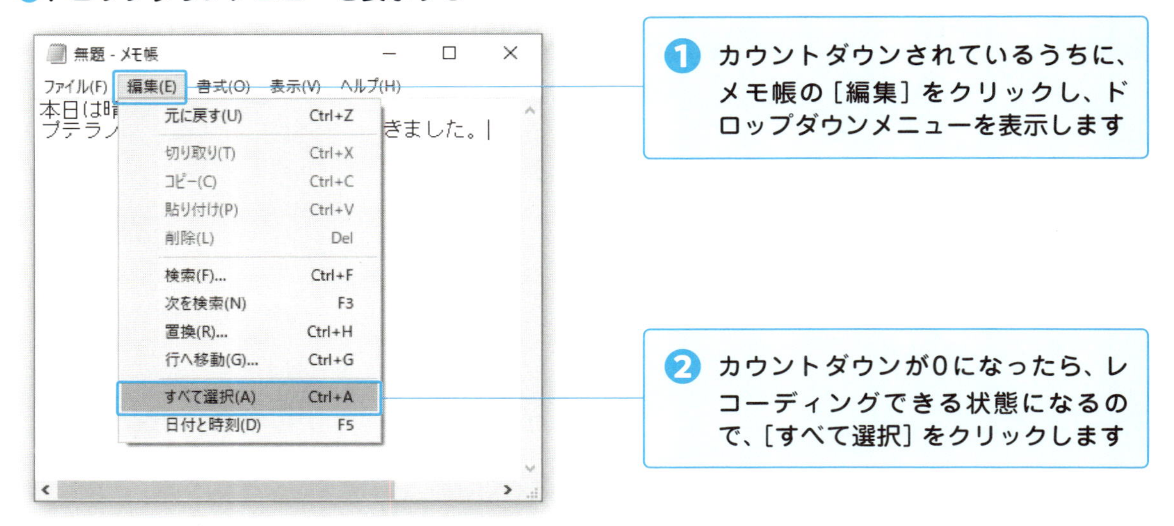

⑦［クリック］を選択する

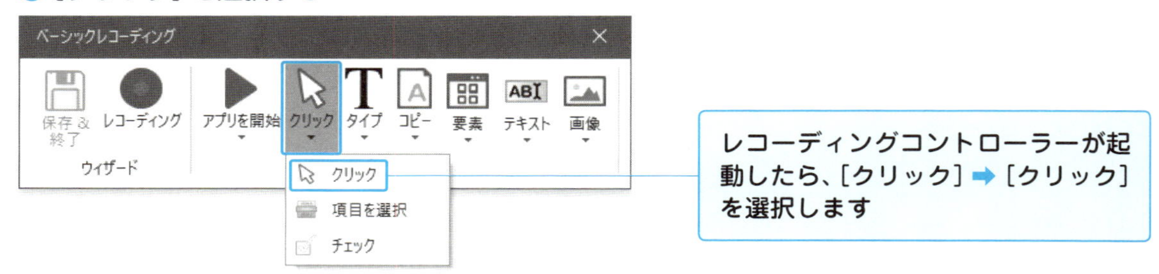

⑧メモ帳の［編集］をクリックする

❾［クリック］を選択する

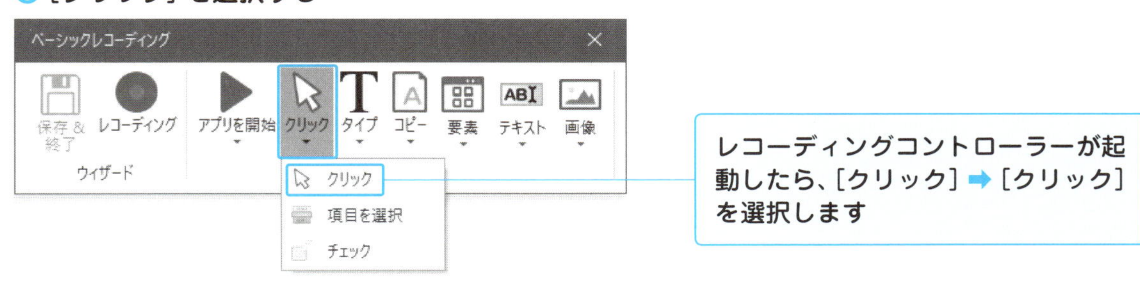

レコーディングコントローラーが起動したら、［クリック］➡［クリック］を選択します

❿レコーディングを遅らせる

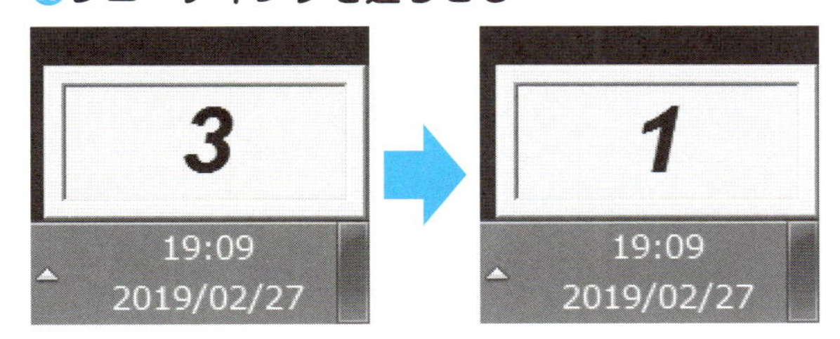

レコーディングを遅くするために、F2 キーを押します。それに合わせて、モニター画面の右下でカウントダウンが始まります

⓫ドロップダウンメニューを表示する

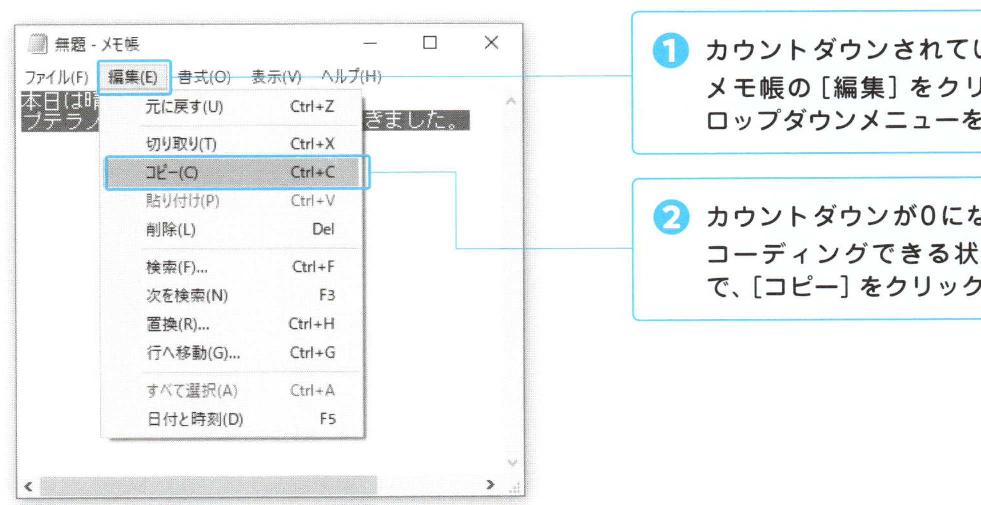

❶ カウントダウンされているうちに、メモ帳の［編集］をクリックし、ドロップダウンメニューを表示します

❷ カウントダウンが0になったら、レコーディングできる状態になるので、［コピー］をクリックします

⑫［クリック］を選択する

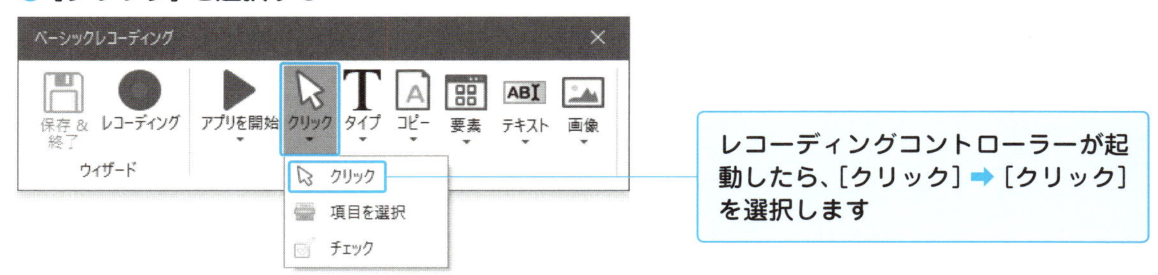

レコーディングコントローラーが起動したら、［クリック］➡［クリック］を選択します

⑬Wordに貼り付ける

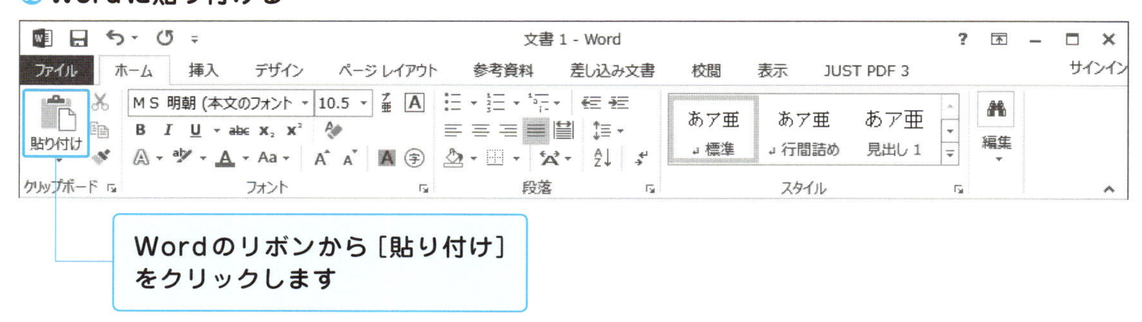

Wordのリボンから［貼り付け］をクリックします

⑭レコーディングの保存と終了

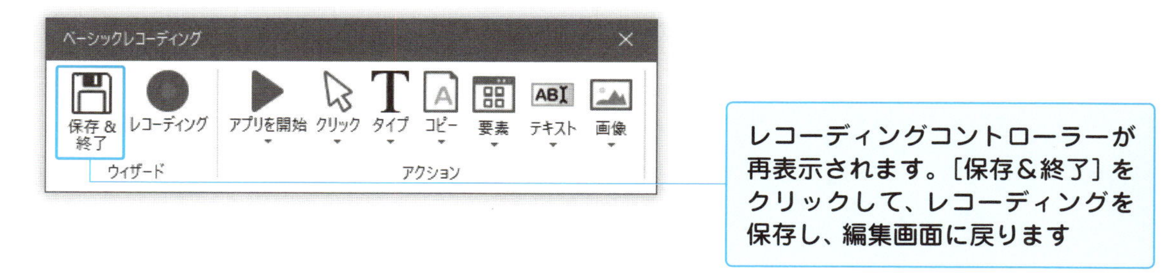

レコーディングコントローラーが再表示されます。［保存＆終了］をクリックして、レコーディングを保存し、編集画面に戻ります

⑮操作がアクティビティの形で記録される

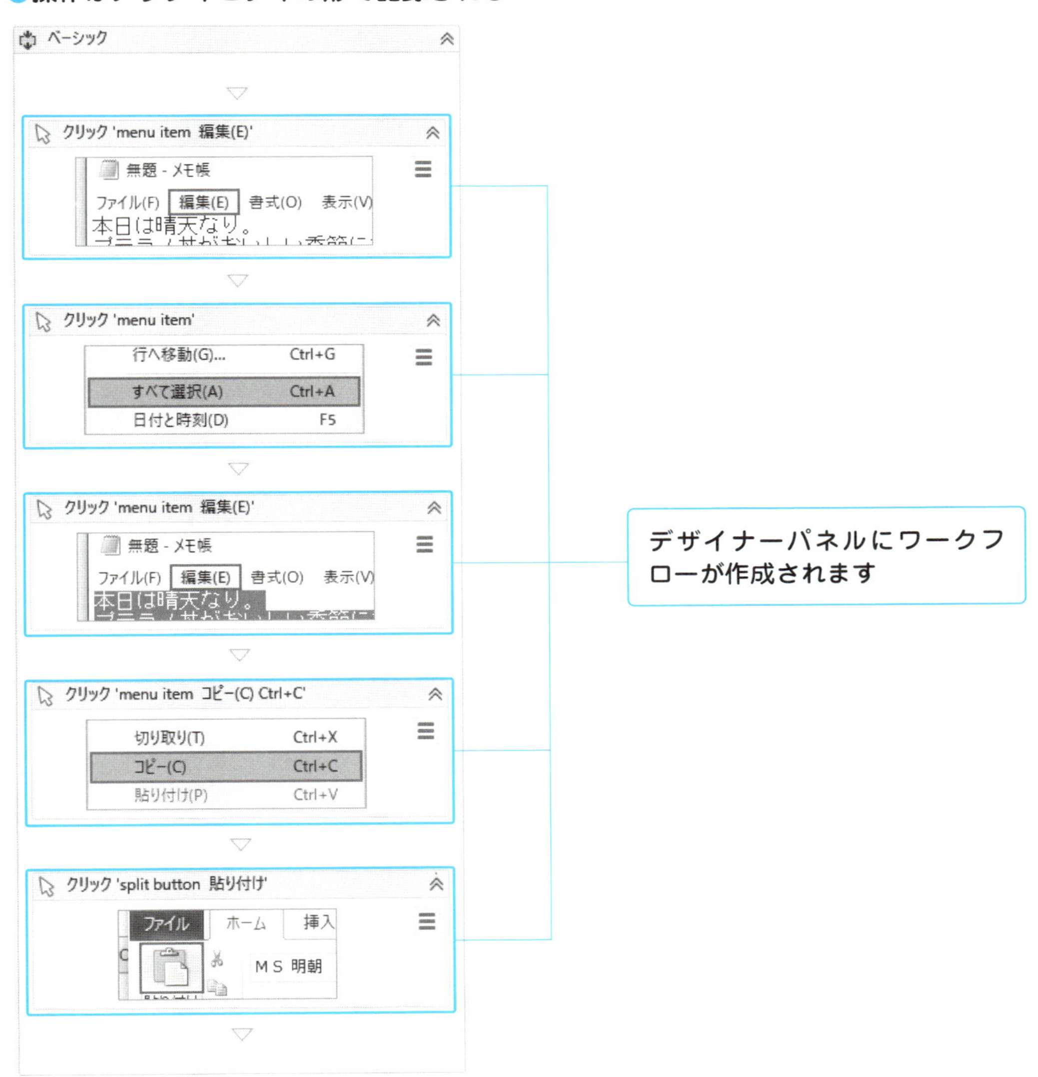

⑯プロジェクトを保存する

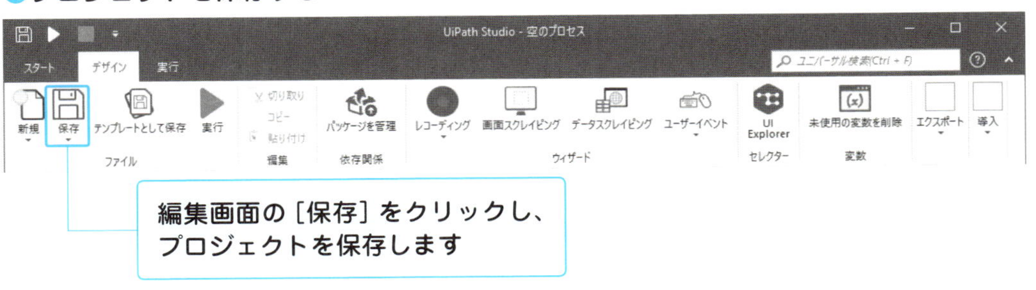

プロジェクトができたら、実行してみましょう。

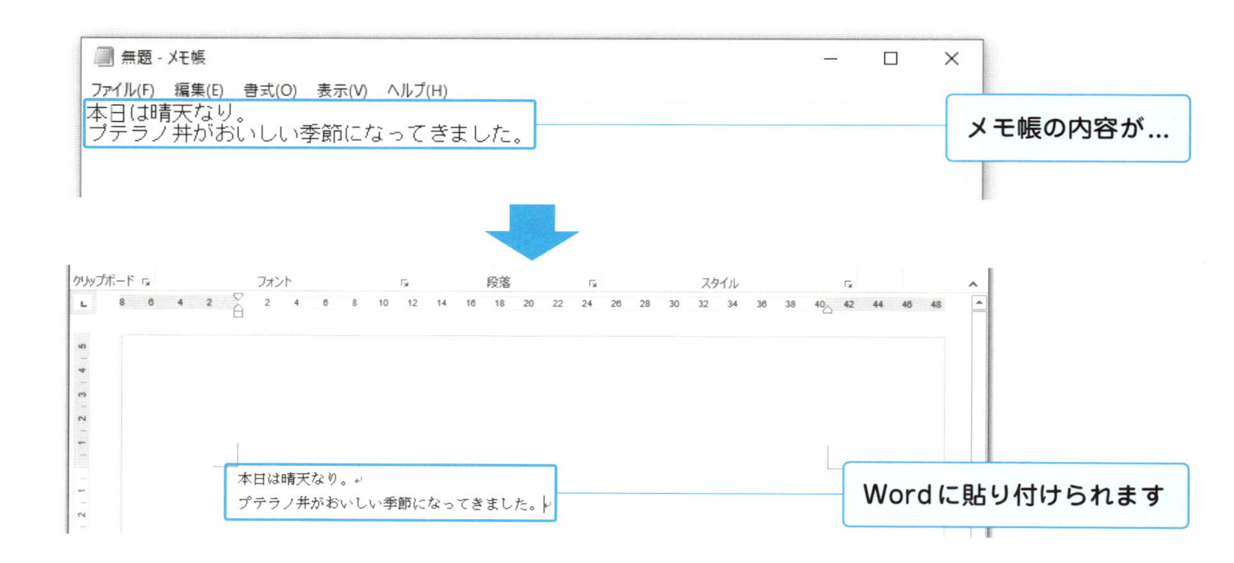

[F2] キーを使った時間差レコーディングは、少し面倒に感じるかもしれません。
次の項目では、同じ内容をホットキー（ショートカットキー）を使って記録してみましょう。

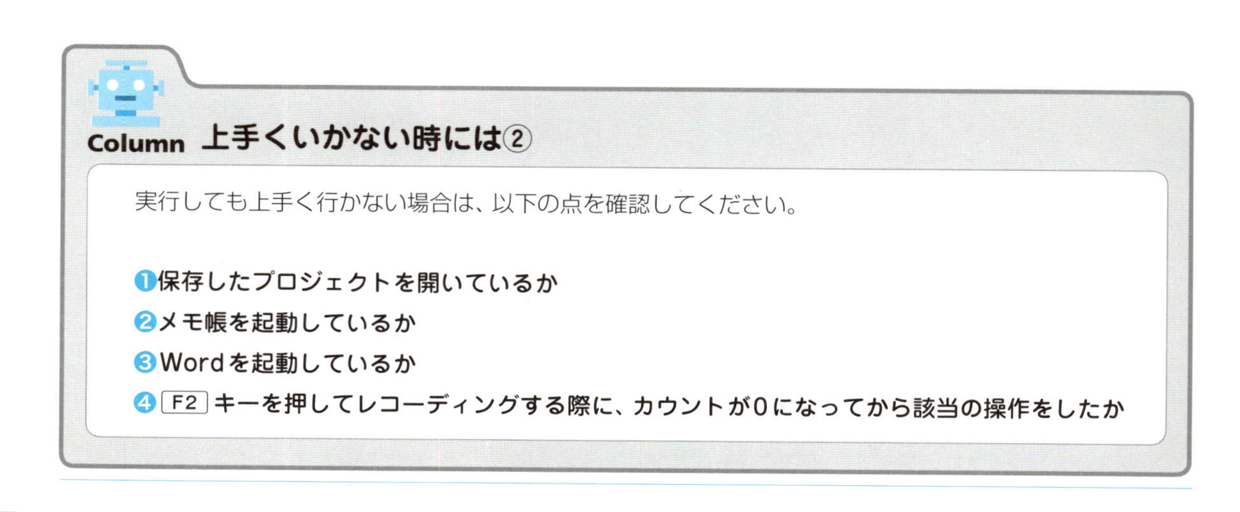

Column 上手くいかない時には②

実行しても上手く行かない場合は、以下の点を確認してください。

❶保存したプロジェクトを開いているか
❷メモ帳を起動しているか
❸Wordを起動しているか
❹ [F2] キーを押してレコーディングする際に、カウントが0になってから該当の操作をしたか

2 ホットキーの活用

時間を待つのは、少しややこしい感じがしますね

そんな時には、ホットキーを使うといいですよ！

ソフトウェアのメニューには、ホットキー（ショートカットキー）と呼ばれるキーボードの操作が設定されていることが多いです。これを上手く利用すると、簡単にレコーディングできます。

●ホットキーを使用する

さて、前節で紹介したやりかたは、簡単ですが、F2キーで時間を遅らせるなど、少しややこしい気がします。また、毎回コントローラーでクリックするのも、面倒ですね。

ソフトウェアのメニューには、ショートカットキーと呼ばれるキーボードでの操作が設定されていることが多いです。メニューに直結していて、すぐ利用できるという意味で、ショートカットキーのことを**ホットキー**とも呼びます。たとえば、何かをコピーする時、右クリックで［コピー］を選ぶ人が多いと思いますが、Wordやメモ帳なら、Ctrl＋Cキーでも代行できます（CtrlキーとCキーを同時に押します）。ペースト（貼り付け）は、Ctrl＋Vキーです。

ホットキーは、ソフトウェアごとに設定されていますが、Windowsでは、コピーやペーストなど、多くのソフトウェアに共通する組み合わせがあるので、覚えておくとよいでしょう。

▼Windowsでよく使われるホットキー（ショートカットキー）

操作内容	キー
コピー	Ctrl＋Cキー
すべて選択	Ctrl＋Aキー
ペースト（貼り付け）	Ctrl＋Vキー
スタートメニューを開く	Ctrl＋Escキー
切り取り	Ctrl＋Xキー
スクリーンショットを撮影する	PrintScreenキー

●今回のレコーディング内容

やりたいことは同じですが、実際の操作方法が違うので、記録内容を整理しておきましょう。

▼やりたいことと実際の操作

やりたいこと	実際の操作
❶メモ帳の内容をすべて選択	➡ホットキーCtrl＋Aを記録する
❷選択した内容をコピー	➡ホットキーCtrl＋Cを記録する
❸Wordに貼り付け	➡ホットキーCtrl＋Vを記録する

ホットキーを使うと、この段階でも、手順が減りましたね。

前回は、メニューをクリックしたので、対象となるソフトウェアの指定はしませんでしたが、今回は、キーを入力するため、対象となるソフトウェアの指定が必要となります。対象の指定は、第3章で行ったテキスト入力の時と同じで、メモ帳やWordの画面をクリックするだけですから、難しくはないのですが、手順として忘れやすいので「対象を指定してから、入力項目を記録する」ということだけ覚えておいてください。

レコーディングする内容が見えてきましたね。

❶メモ帳を対象として選択
❷ホットキーCtrl＋Aを記録する
❸メモ帳を対象として選択
❹ホットキーCtrl＋Cを記録する
❺Wordを対象として選択
❻ホットキーCtrl＋Vを記録する

●UiPathでのホットキーの記録方法

UiPathの手動レコーディングでホットキーを記録するには、［タイプ］から［ホットキーを押下］を選択します。

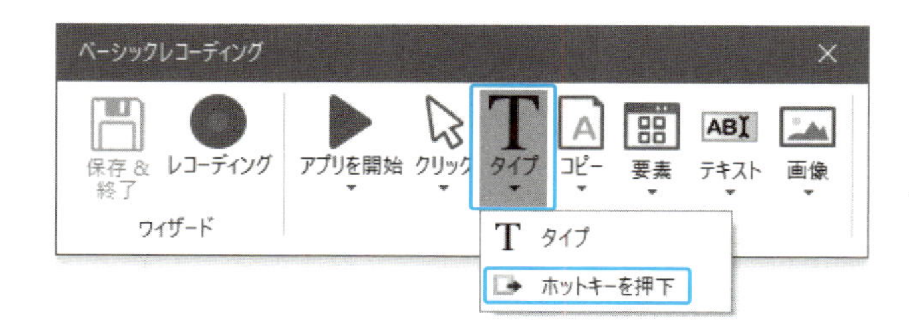

ホットキーを操作させたい対象を選択すると、ポップアップが表示されるので、そこに入力することで、記録できます。

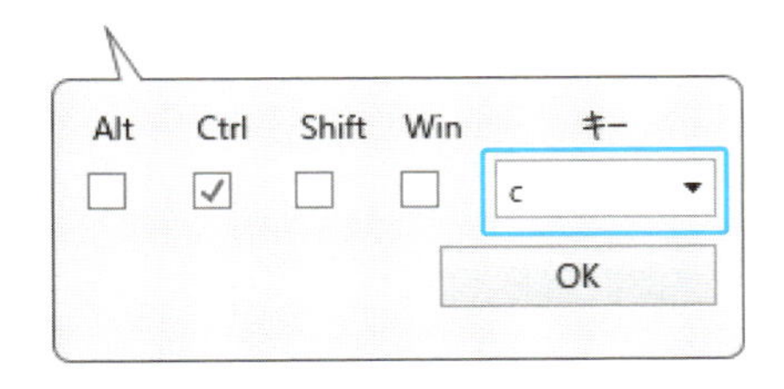

●メモ帳の内容をWordに貼り付ける②

では、実際にやってみましょう。事前準備として、空のプロセスを作成し、編集画面を開いておきます。また、メモ帳とWordを起動しておき、メモ帳には、Wordにコピーする文章を作成しておきます。

プロセス名は、「test012」とします。

▼プロジェクトの名前と保存場所

名前	場所	説明
test012	デフォルト値 (C:¥Users¥ユーザー名¥Documents¥UiPath)	メモ帳からWordに貼り付け02

❶コントローラーを起動する

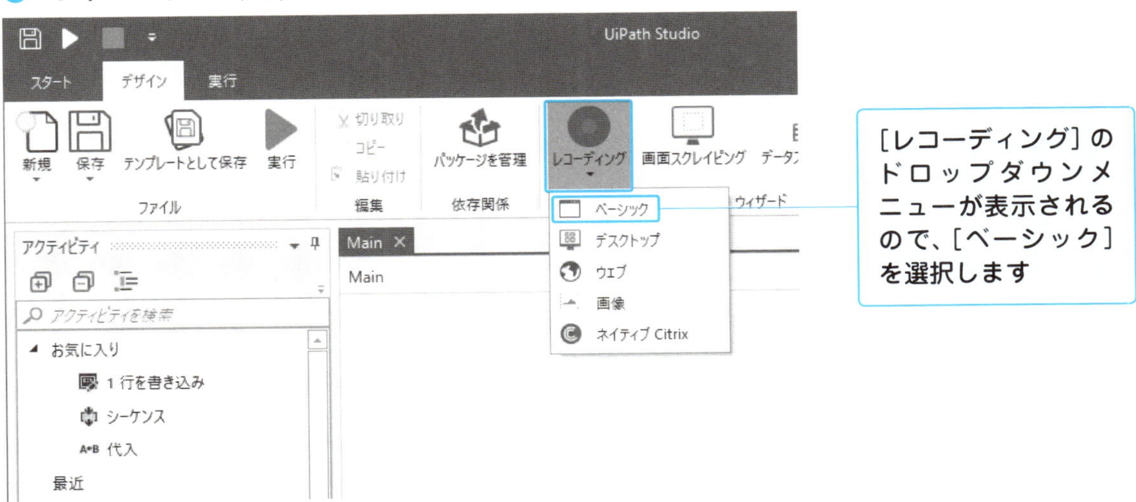

❷［ホットキーを押下］を選択する

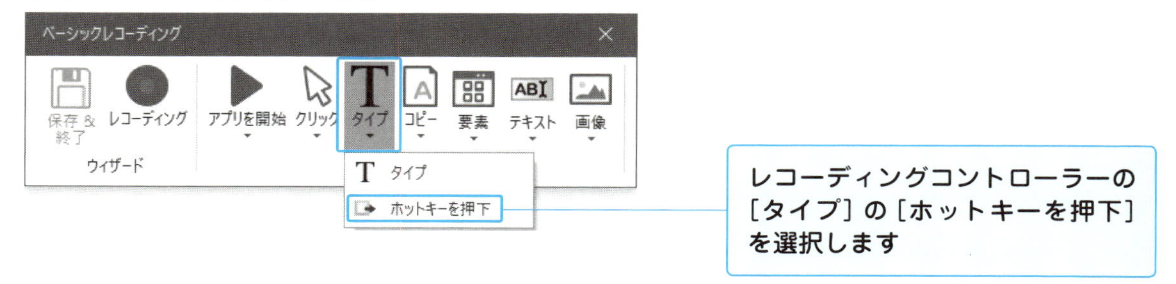

❸操作対象を指定する

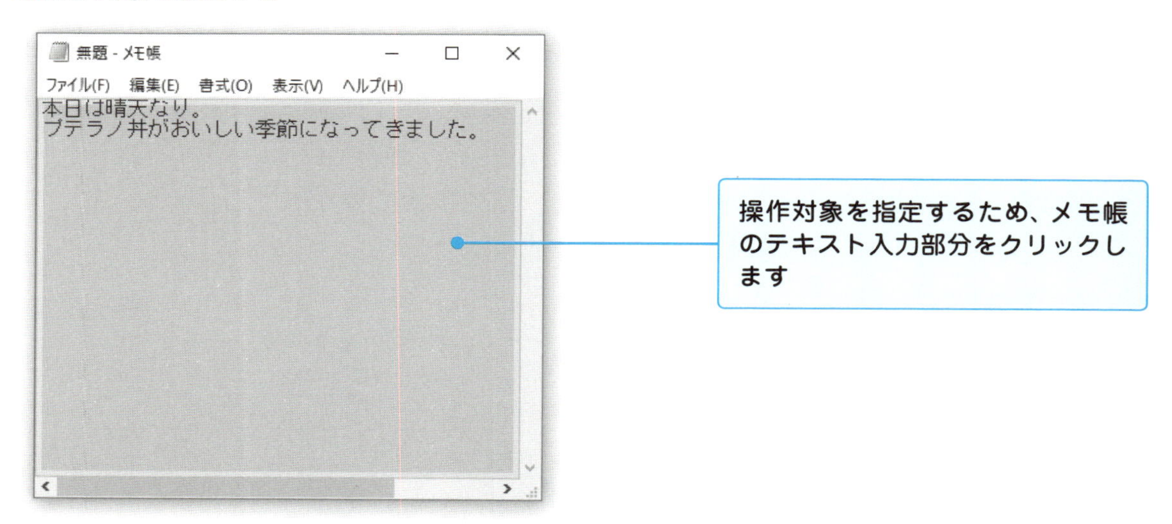

❹ホットキー（すべて選択）を記録する

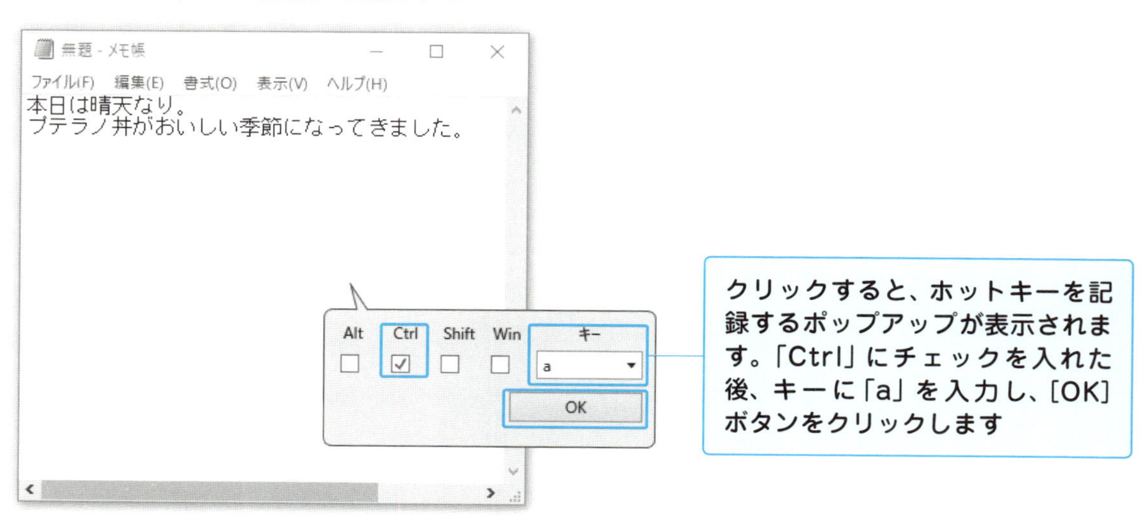

⑤［ホットキーを押下］を選択する

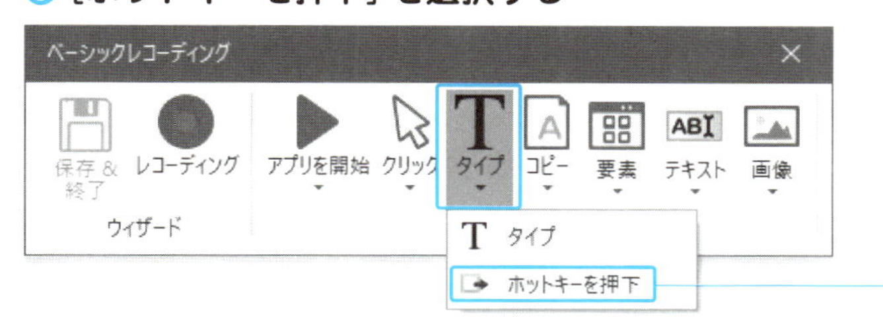

レコーディングコントローラーの［タイプ］の［ホットキーを押下］を選択します

⑥操作対象を指定する

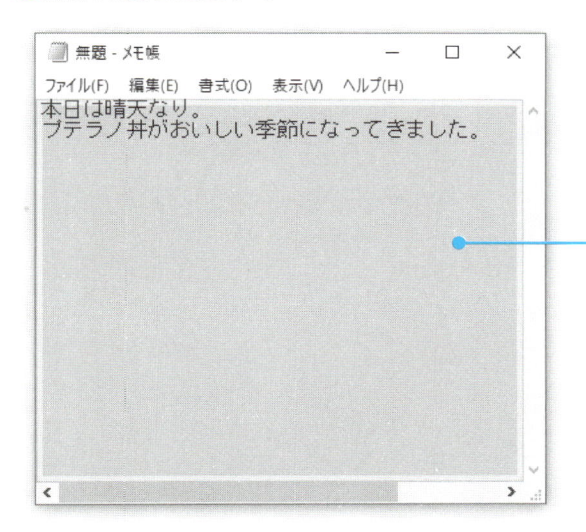

操作対象を指定するため、メモ帳のテキスト入力部分をクリックします

⑦ホットキー（コピー）を記録する

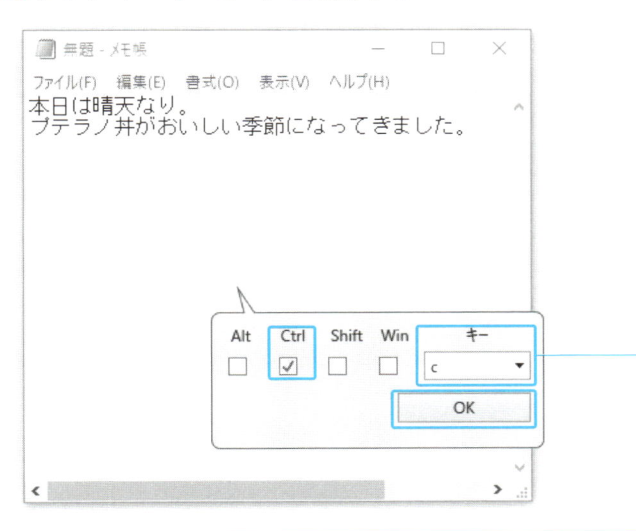

クリックすると、ホットキーを記録するポップアップが表示されます。「Ctrl」にチェックを入れた後、キーに「c」と入力し、［OK］ボタンをクリックします

❽［ホットキーを押下］を選択する

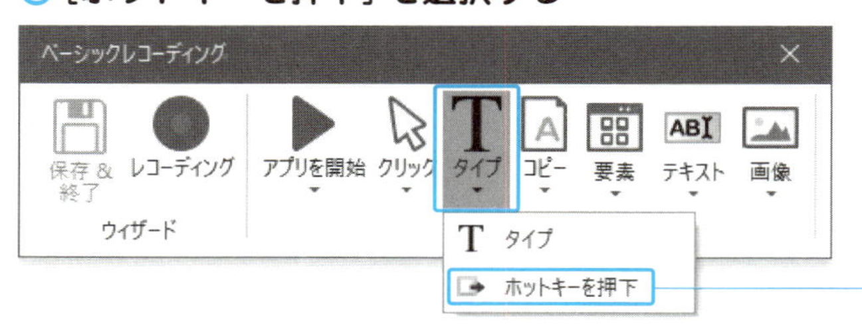

レコーディングコントローラーの［タイプ］の［ホットキーを押下］を選択します

❾操作対象を指定する

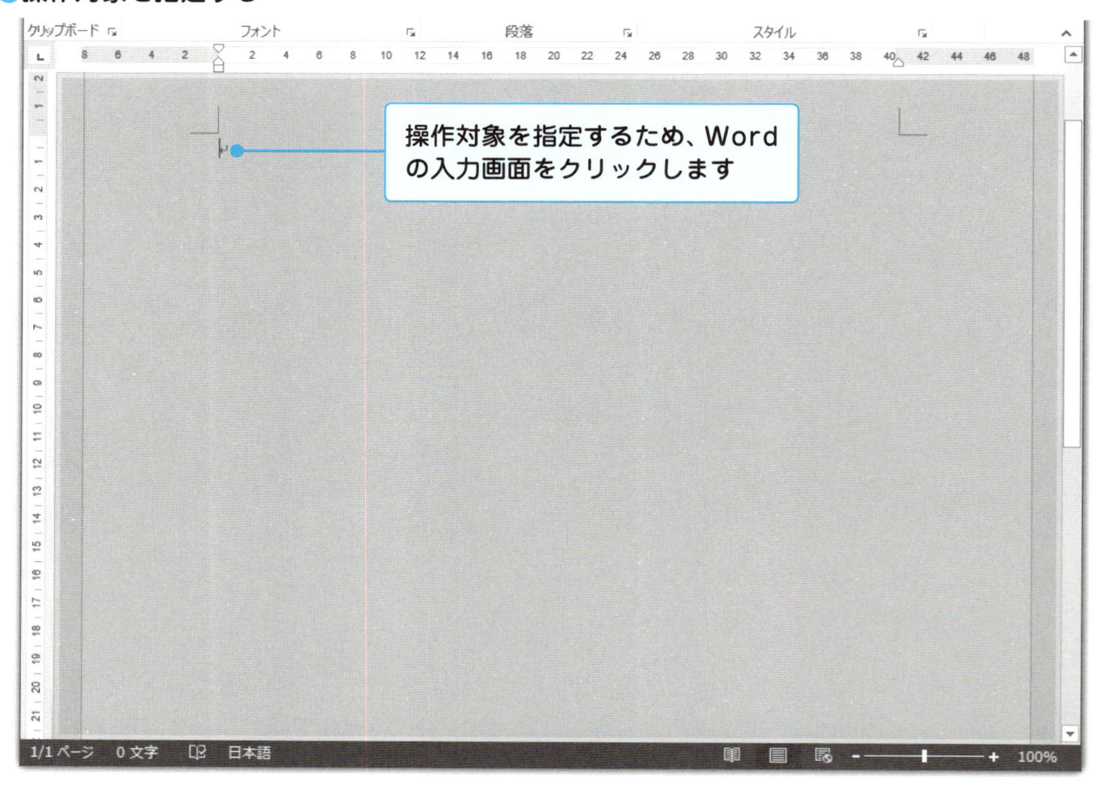

操作対象を指定するため、Wordの入力画面をクリックします

❿ホットキー（貼り付け）を記録する

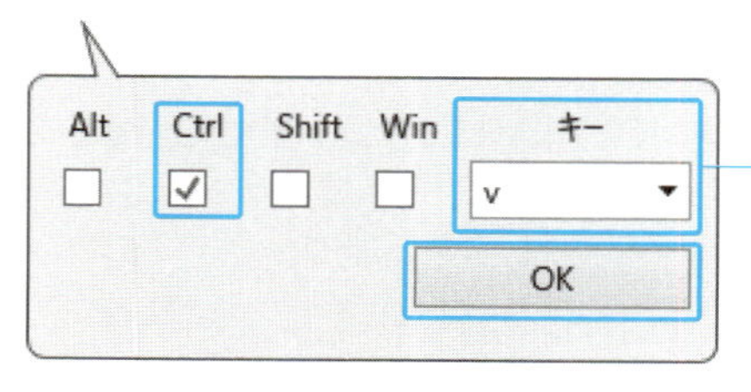

クリックすると、ホットキーを記録するポップアップが表示されます。「Ctrl」にチェックを入れた後、キーに「v」と入力し、［OK］ボタンをクリックします

⑪レコーディングの保存と終了

レコーディングコントローラーが再表示されるので、[保存＆終了]をクリックしてレコーディングを保存し、編集画面に戻ります

⑫操作がアクティビティの形で記録される

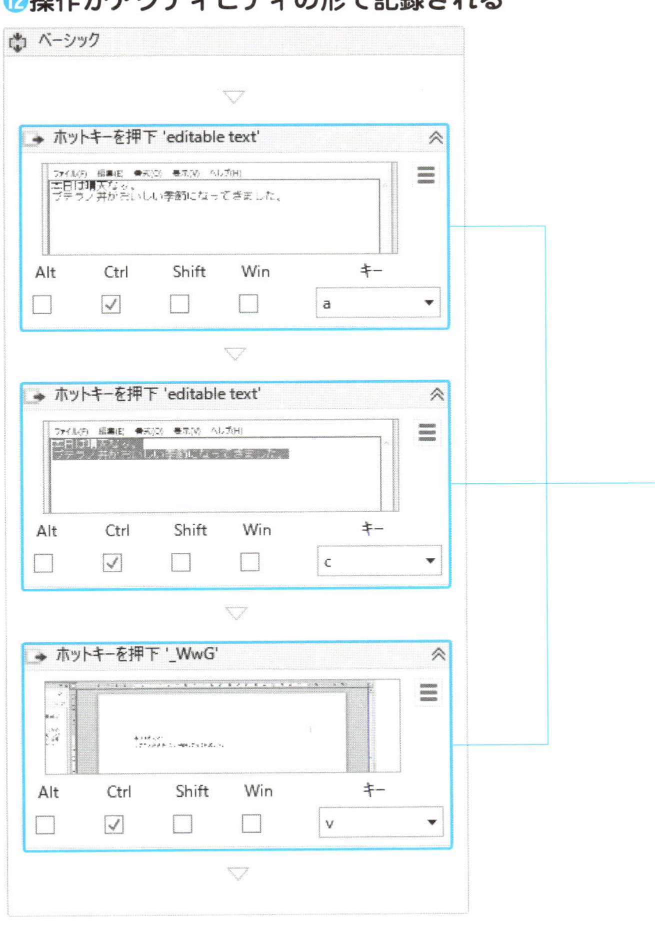

デザイナーパネルにワークフローが作成されます

⑬プロジェクトを保存する

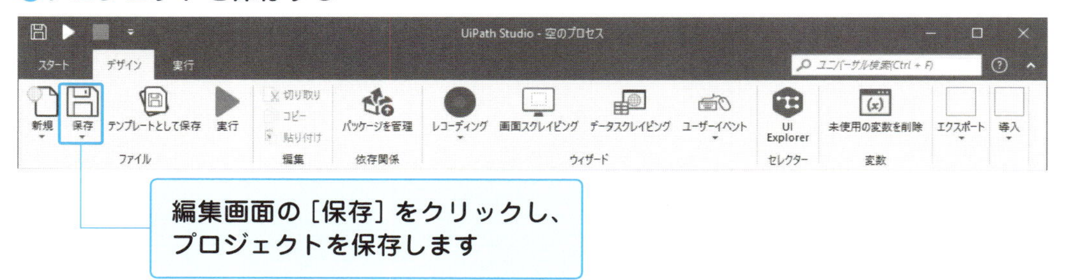

プロジェクトができたら実行してみましょう。4-1節と同じように、メモ帳の内容をWordに貼り付けます。上手く実行できれば、クリックで実行した時と同じ結果が出るはずです。

このようにホットキーを使えば、クリックで記録するよりもシンプルなプロジェクトが作成できます。

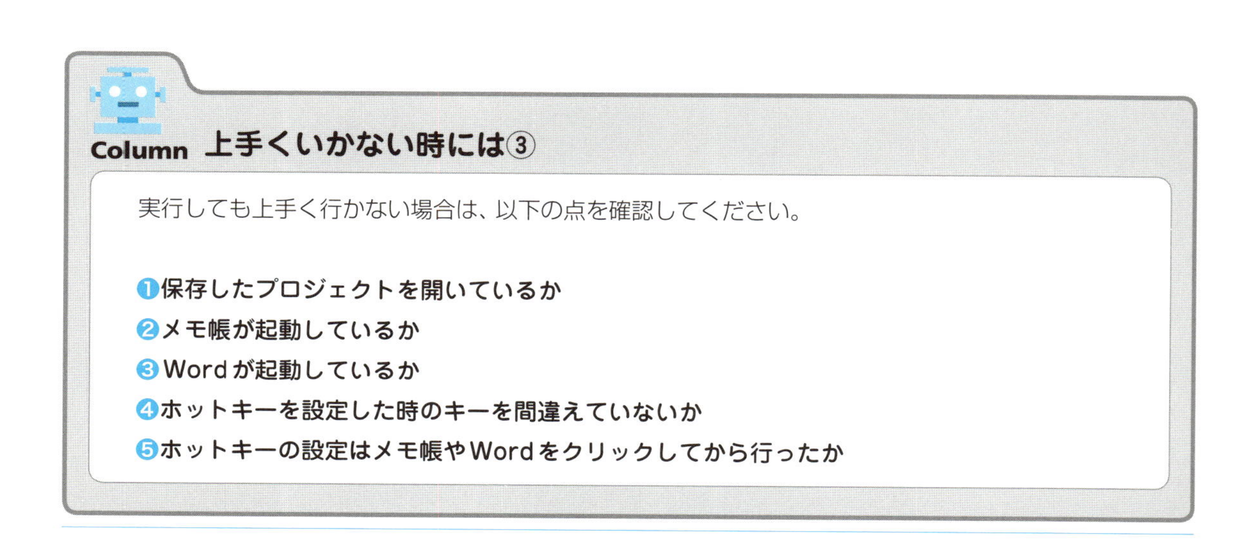

Column 上手くいかない時には③

実行しても上手く行かない場合は、以下の点を確認してください。

❶保存したプロジェクトを開いているか
❷メモ帳が起動しているか
❸Wordが起動しているか
❹ホットキーを設定した時のキーを間違えていないか
❺ホットキーの設定はメモ帳やWordをクリックしてから行ったか

3 ファイル名取得プログラムの作成

レコーディングできるのは、メモ帳やWordだけですか？

エクスプローラーも操作できますよ！

UiPathでは、エクスプローラーを操作できます。そのため、ファイル名の取得などが、簡単に行えます。

●ファイル名取得プログラムを作成する

次は、**エクスプローラー**を操作してみましょう。ちょっと大物です。

エクスプローラーは、Windowsのファイルやフォルダーを表示・操作するソフトウェアです。つまり、「ドキュメント」や「ピクチャ」など、ファイルの一覧を見たり、フォルダーの中身を表示したりしているアレには、ちゃんとした名前があったのです！

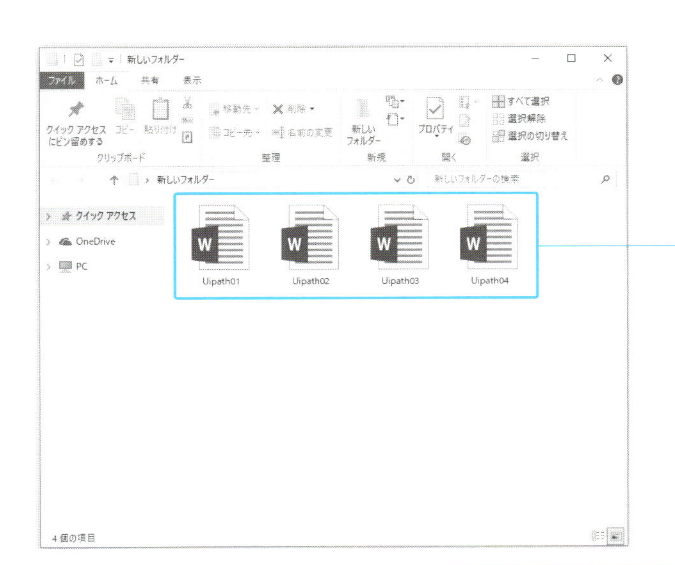

エクスプローラーは、このようにフォルダーの中身を表示するソフトウェアです

エクスプローラーもソフトウェアですから、UiPathで操作できます。あるフォルダーの中にあるファイル名の一覧をWordに貼り付けるプロジェクトを作ってみましょう。

●今回のレコーディング内容

まずは、やりたいことと、実際の操作から考えてみましょう。それを元に、UiPathでどのような操作をするのか整理します。

ファイルの一覧を取得するには、[パスのコピー] を使います。

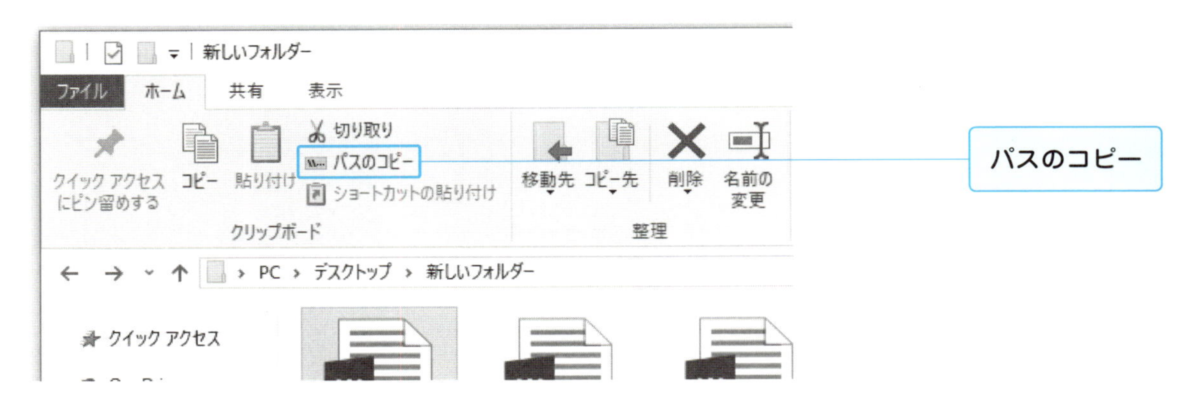

ファイル名を取得したいファイルを指定して、[パスのコピー] を実行すると、クリップボードに**パス***がコピーされます。

1つずつ、指定してコピーするのは面倒なので、前回も出てきた [すべて選択] で、まとめて取得するのがよさそうですね。

また、パスのコピーでは、「ファイルがどこにあるか」というフォルダーなどの情報まで取得してしまうので、これは、Wordに一覧を貼り付けた後に、削除することにしましょう。

▼「パスのコピー」でコピーされる情報

C:¥Users¥ユーザー名¥Desktop¥新しいフォルダー¥UiPath01.docx

ファイルがどこにあるのかを表す情報　　ファイル名

ファイル名の一覧をWordに貼り付けるにあたり、プロジェクトを実行するたびにソフトウェアを起動するのも面倒なので、該当のフォルダーの起動、Wordの起動もプロジェクトに組み込みます。

今回、対象とするフォルダーは、デスクトップ上にある「Uitest01」という名前のフォルダーです。事前に作成し、何か適当なファイルを入れておいてください。

＊**パス**　ファイルの場所とファイル名を示す情報のこと。

▼対象となるフォルダー

名前	置く場所	フォルダーに入れるもの
Uitest01	デスクトップ	ファイルを3つ〜5つ

これを前提に内容をまとめると、以下のようになります。

▼やりたいことと実際の操作

やりたいこと	実際の操作
「Uitest01」フォルダーを開く	➡「Uitest01」フォルダーを開く
フォルダーの内容をすべて選択する	➡ホットキーCtrl＋aを記録する
選択したファイルのパスをコピーする	➡［パスのコピー］をクリックする
Wordを起動する	➡Wordを起動する
Wordに貼り付ける	➡ホットキーCtrl＋vを記録する
パスの部分を削除する	➡置換Ctrl＋hで削除する

●特定のフォルダーを開くことと、Word起動の注意点

特定のフォルダーを開く場合、操作対象を選択するだけでは、開くことができません。

フォルダーを開くのは、エクスプローラーというソフトウェアが担当していると説明しましたが、UiPathのレコーディングの［アプリを開始］で記録するのは、エクスプローラーを起動することであって、そのフォルダーを開くことではないからです。

特定のフォルダーを開きたい場合は、**引数**（ひきすう）を指定します。

どこかで出てきましたね。そうです、操作対象を指定する時に出てくるポップアップにある引数にフォルダーのパスを指定すれば、よいのです。

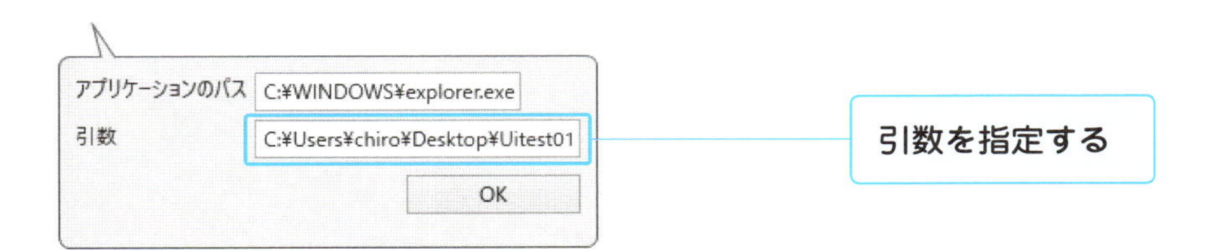

フォルダーのパスは、該当のフォルダーを開き、**アドレスバー**をクリックすると表示されます。右クリックでコピーしましょう。

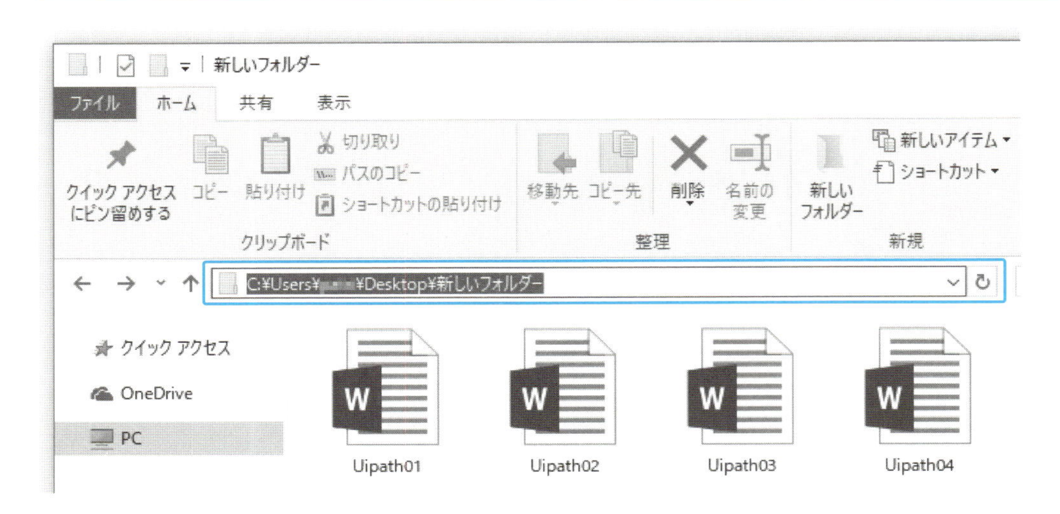

Wordを起動する場合にも注意点があります。Wordを普通に起動してしまうと、バックステージ画面が表示され、すぐに使うことができません。

しかし、こちらも「**/w**」という引数を指定することで、最初から入力画面を開くことができます。

▼通常起動すると表示される画面

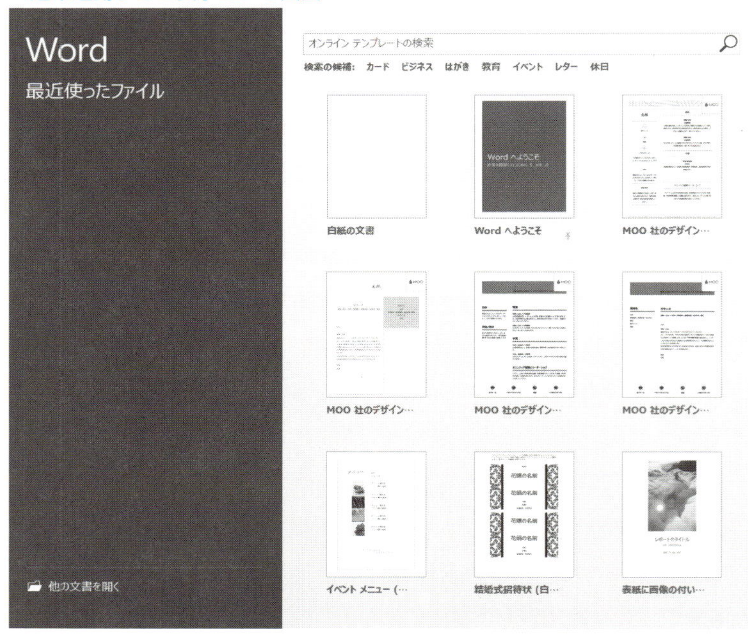

▼引数に「/w」を指定すると表示される画面

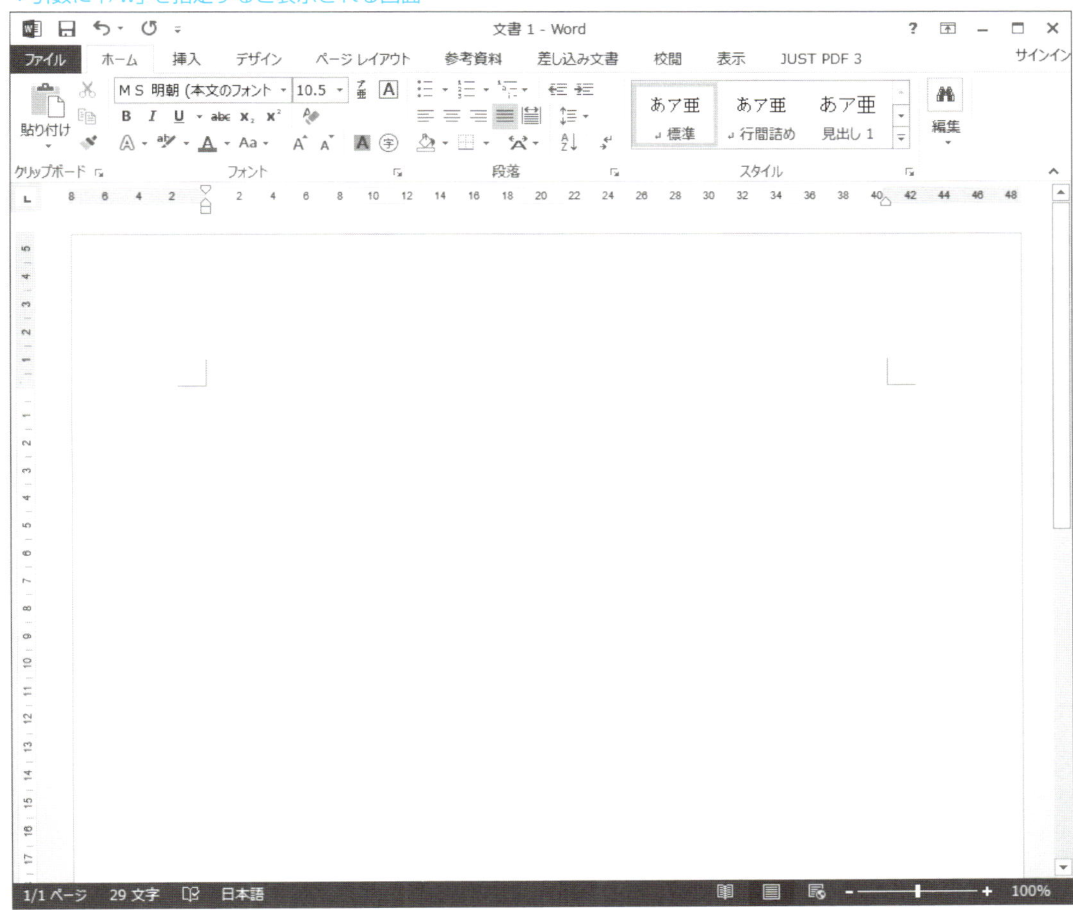

▼操作対象となるソフトウェア

ソフトウェア	指定する引数	本書での値
エクスプローラー	フォルダーのパス	C:¥Users¥ユーザー名¥Desktop¥Uitest01
Word	白紙の文書での開始	/w

●置換のホットキーで削除する

［パスのコピー］でコピーすると、フォルダー名も含まれてしまうため、Wordに貼り付けてからフォルダー名の部分を削除します。削除には、Wordの置換機能を使います。ホットキーは、Ctrl＋hキーです。

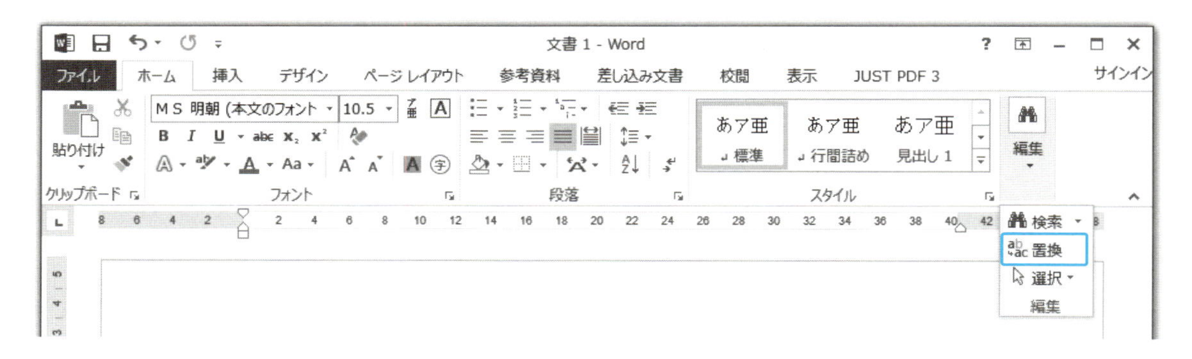

置換は、ホームタブにある機能で、特定の文字列を別の文字列に一括して置き換えることができます。

たとえば、「" C:¥Users¥ユーザー名¥Desktop¥Uitest01¥ファイル名"」の「C:¥Users¥ユーザー名¥Des<top¥Uitest01¥」の部分が余計ですから、置換で削除してしまいましょう。削除する場合は、置換後の文字列を空欄のままとすれば、削除されます。

なお、今回は、レコーディング操作が長くなってしまうので、パスの前後に付いている「"」(ダブルクォーテーション)は削除しません。慣れてきたら、こちらも削除するとよいでしょう。

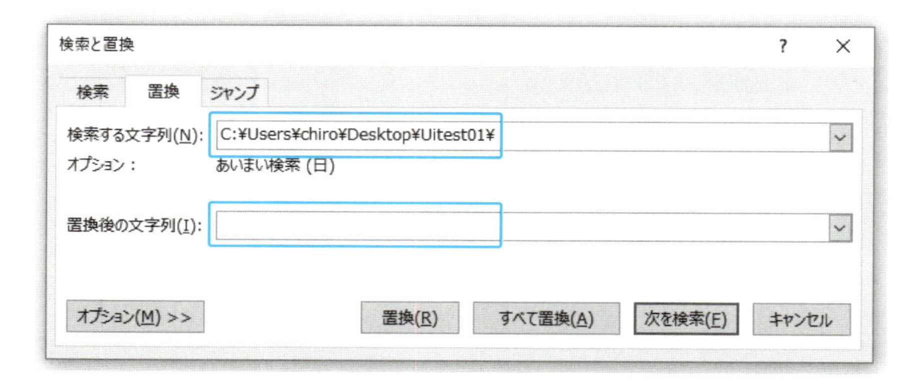

▼操作内容

置換のホットキー	検索する文字列	置換後の文字列
Ctrl＋h	C:¥Users¥ユーザー名¥Desktop¥Uitest01¥	

やるべきことが見えてきたところで、レコーディング内容をまとめましょう。少し手順が多いので、気をつけてください。

❶エクスプローラーを対象として選択し、引数にフォルダーのパス「C:¥Users¥ユーザー名¥Desktop¥Uitest01」を指定する（フォルダーの起動）
❷エクスプローラーを対象として選択し、ホットキー Ctrl ＋ a を記録する（すべて選択）
❸［パスのコピー］をクリックする（パスのコピー）
❹Wordを対象として選択し、引数に「/w」を指定する（Wordの起動）
❺Wordを対象として選択し、ホットキー Ctrl ＋ v を記録する（コピーの貼り付け）
❻Wordを対象として選択し、ホットキー Ctrl ＋ h を記録する（置換）
❼検索する文字列に「C:¥Users¥ユーザー名¥Desktop¥Uitest01¥」入力を記録
❽［OK］ボタンをクリック

●ファイル名取得プログラムを作成する

では、実際にやってみましょう。事前準備として、空のプロセスを作成し、編集画面を開いておきます。また、デスクトップに「Uitest01」フォルダーを作成し、中にいくつかファイルを入れておきます。

さらに、「Uitest01」フォルダーと、Wordは開いておきます。

プロセス名は、「test013」とします。

▼プロジェクトの概要

名前	場所	説明
test013	デフォルト値 （C:¥Users¥ユーザー名¥Documents¥UiPath）	ファイル名一覧をWordに貼り付け

❶コントローラーを起動する

❷エクスプローラーの起動を指定する

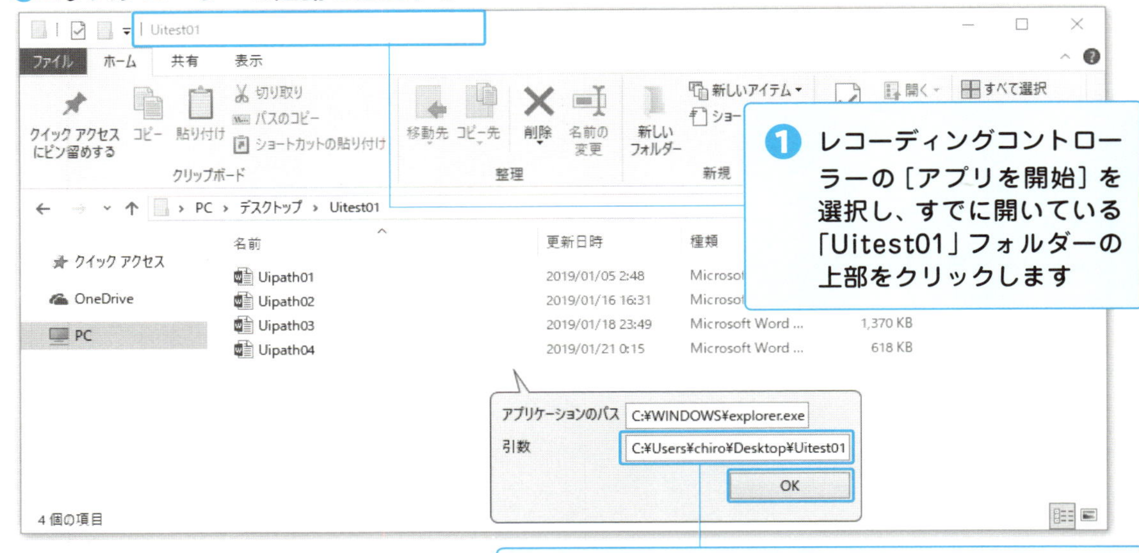

❶ レコーディングコントローラーの［アプリを開始］を選択し、すでに開いている「Uitest01」フォルダーの上部をクリックします

❷ ポップアップが表示されたら、引数に「C:¥Users¥ユーザー名¥Desktop¥Uitest01」を指定し、［OK］ボタンをクリックします

❸ホットキー（すべて選択）を記録する

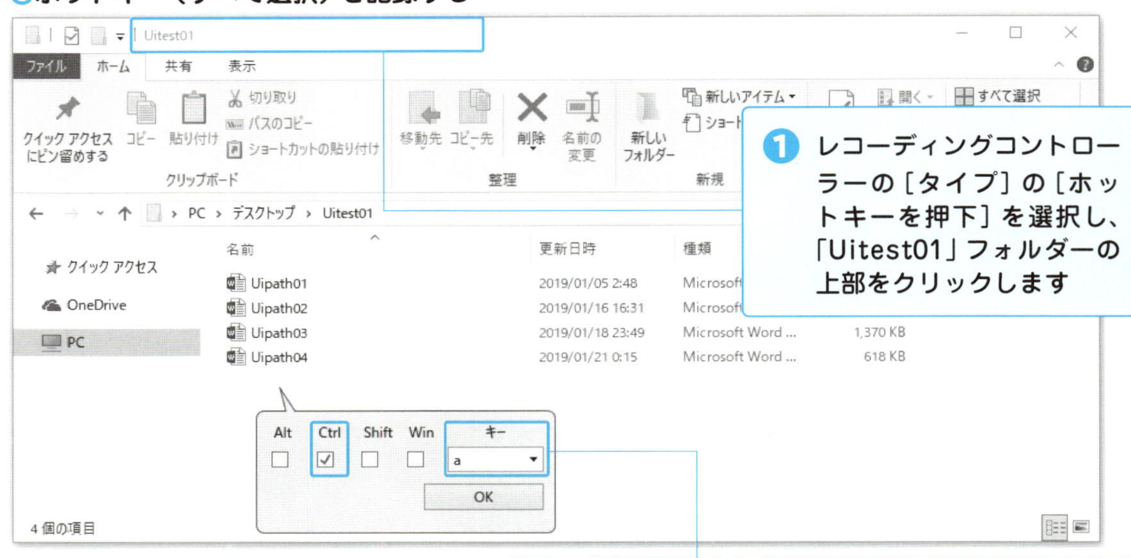

❶ レコーディングコントローラーの［タイプ］の［ホットキーを押下］を選択し、「Uitest01」フォルダーの上部をクリックします

❷ ホットキーを記録するポップアップが表示されたら、「Ctrl」にチェックを入れた後、キーに「a」と入力し、［OK］ボタンをクリックします

❹［パスのコピー］をクリックする

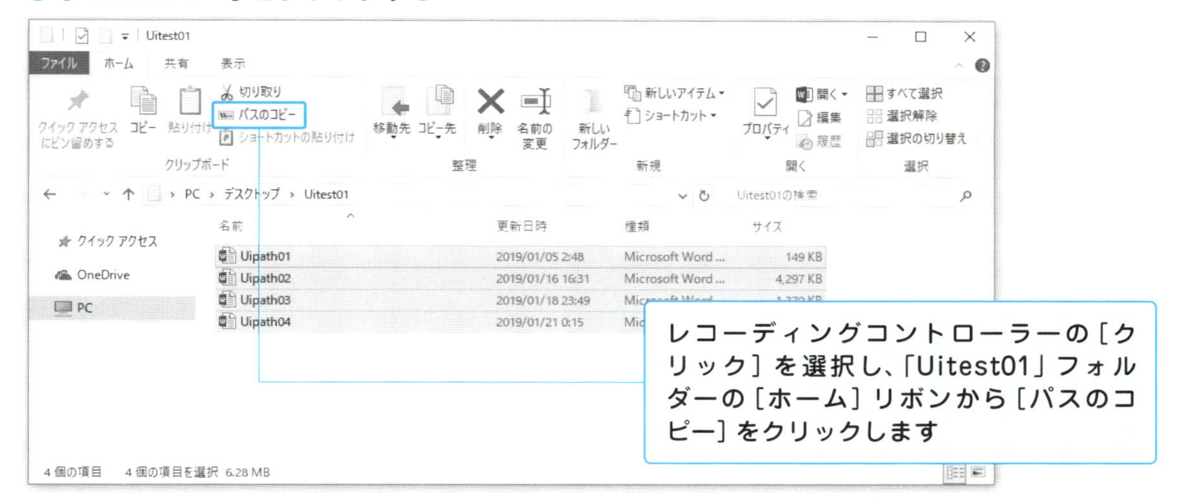

レコーディングコントローラーの［クリック］を選択し、「Uitest01」フォルダーの［ホーム］リボンから［パスのコピー］をクリックします

❺ Wordの起動を記録する

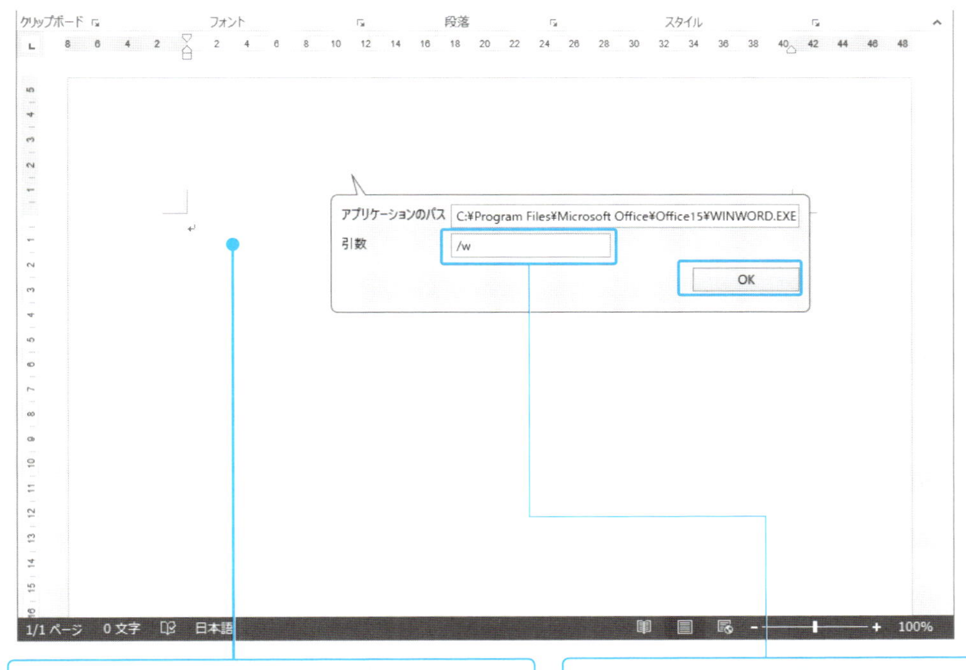

❶ レコーディングコントローラーの［アプリを開始］を選択し、すでに開いているWordの画面をクリックします

❷ ポップアップが表示されたら、引数に「/w」を入力し、［OK］ボタンをクリックします

❻ホットキー（貼り付け）を記録する

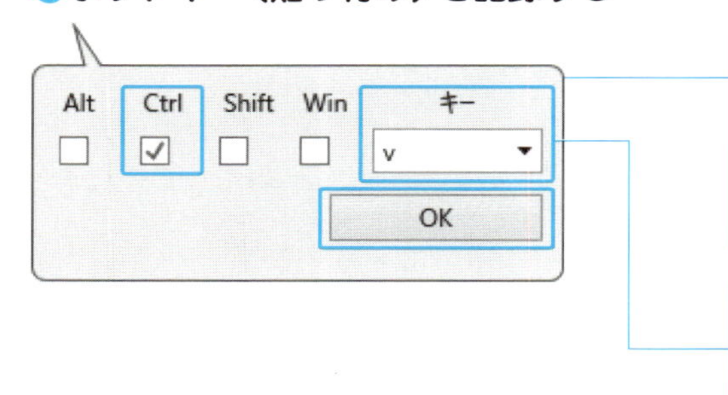

❶ レコーディングコントローラーの［タイプ］から［ホットキーの押下］を選択し、Wordをクリックすると、ホットキーを記録するポップアップが表示されます

❷「Ctrl」にチェックを入れた後、キーに「v」と入力し、［OK］ボタンをクリックします

❼ホットキー（置換）を記録する

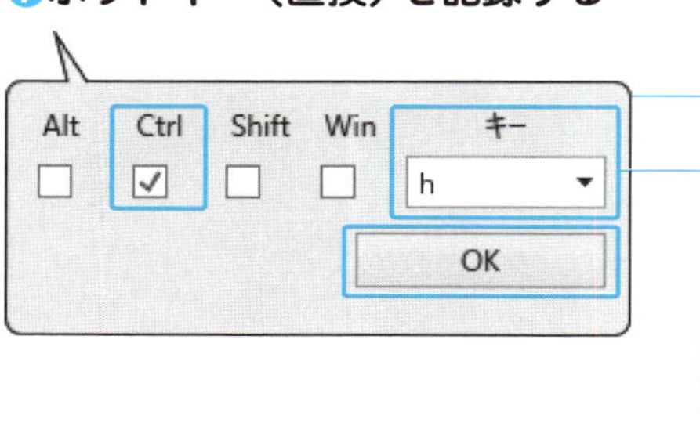

❶ レコーディングコントローラーの［タイプ］から［ホットキーの押下］を選び、Wordをクリックすると、ホットキーを記録するポップアップが表示されます

❷「Ctrl」にチェックを入れた後、キーに「h」と入力し、［OK］ボタンをクリックします

❽置換ダイアログが起動する

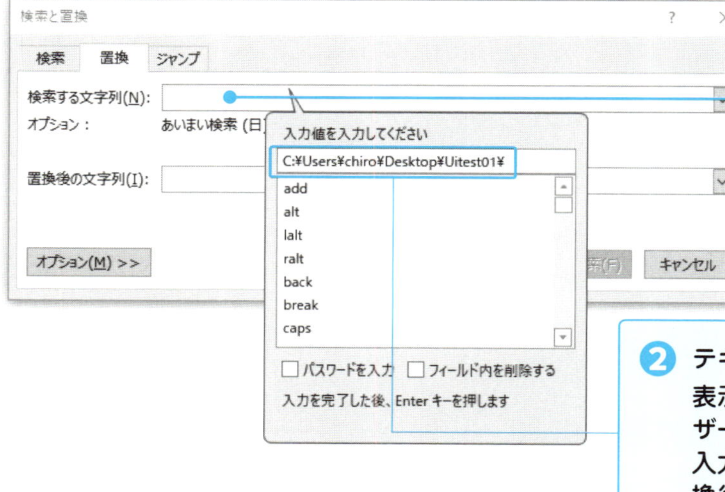

❶ 置換ダイアログが起動します。レコーディングコントローラーの［タイプ］から［タイプ］を選び、置換ダイアログの「検索する文字列」のフォームをクリックします

❷ テキストを入力するポップアップが表示されるので、「C:¥Users¥ユーザー名¥Desktop¥Uitest01¥」と入力し、Enter キーを押します。「置換後の文字列」は、空欄のままで大丈夫です

❾ ［すべて置換］を記録する

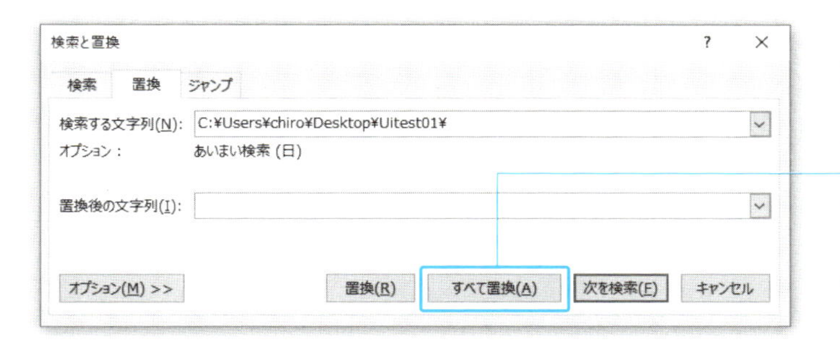

レコーディングコントローラーの［クリック］➡［クリック］を選択し、Wordの置換ダイアログの［すべて置換］ボタンをクリックします

❿メッセージが表示される

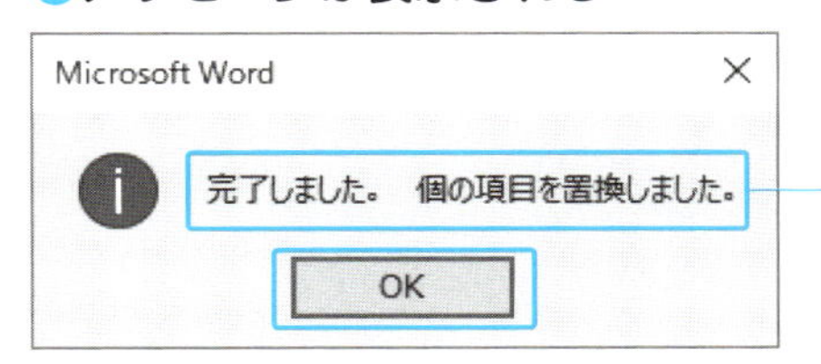

コントローラーの［クリック］を選択すると、「完了しました。●個の文字を置換しました。」というメッセージが表示されます。［OK］ボタンをクリックします

⓫プロジェクトの保存と終了

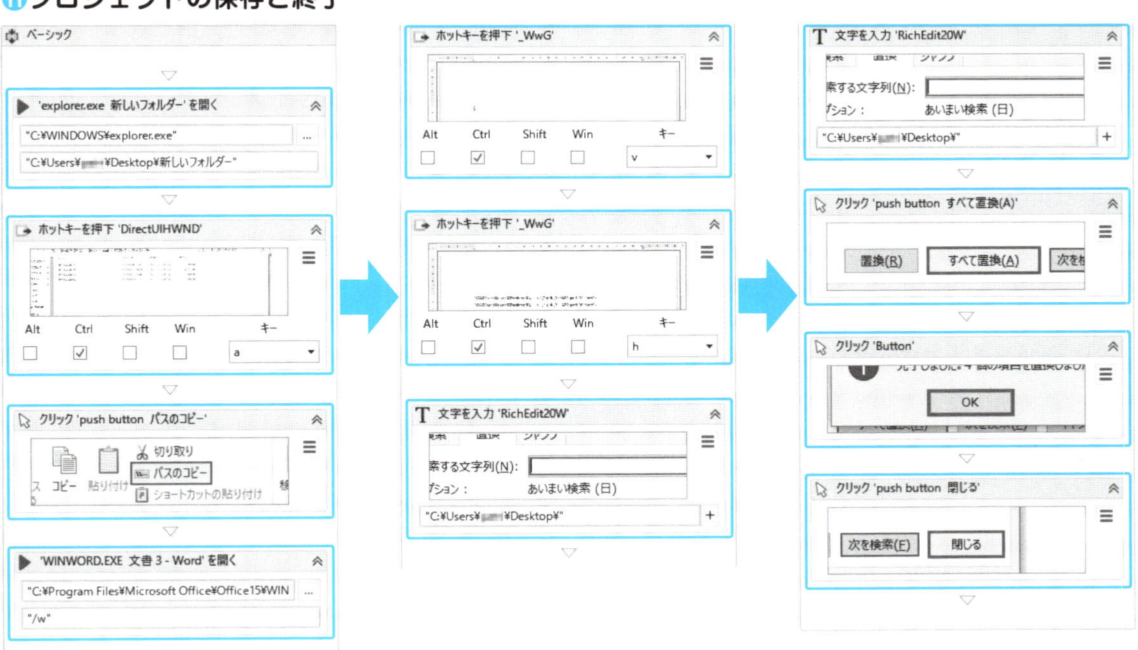

レコーディングコントローラーが再表示されるので、［保存&終了］をクリックしてレコーディングを保存し、編集画面に戻ります。プロジェクトが作成されるため、編集画面でプロジェクトを保存します

プロジェクトが作成できたら、開いている「Uitest01」フォルダーと、Wordをいったん閉じて、実行してみてください。きちんと実行されるか確認してみましょう。

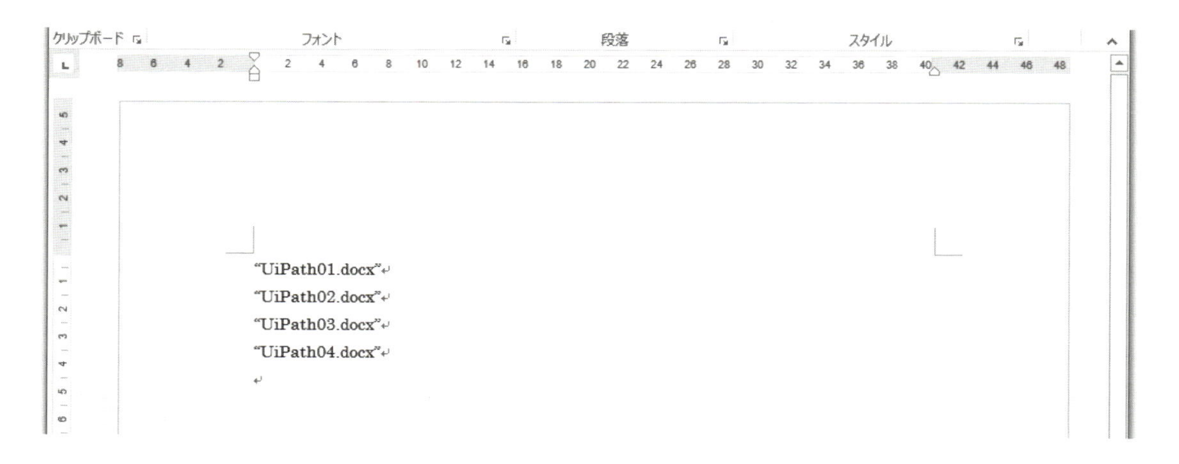

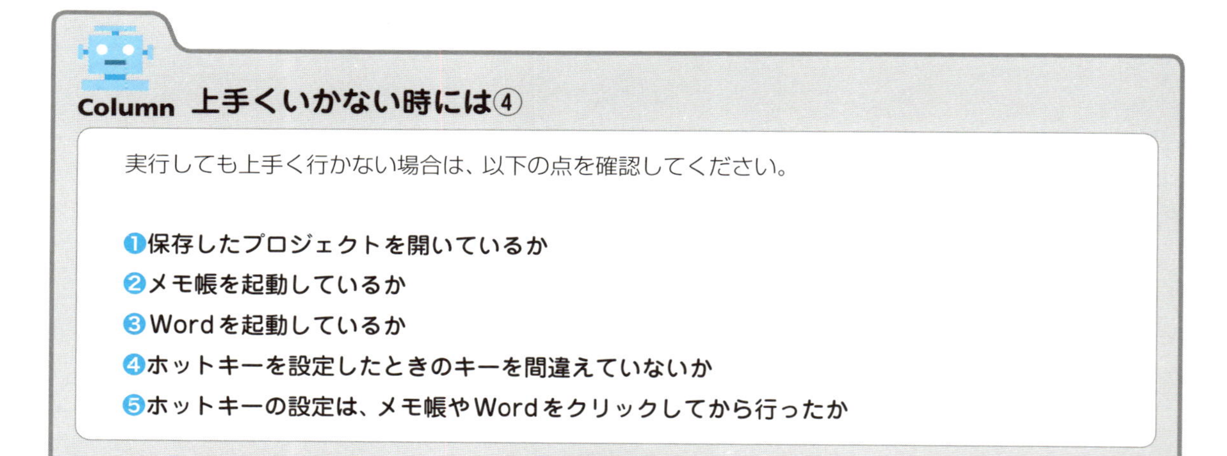

Column 上手くいかない時には④

実行しても上手く行かない場合は、以下の点を確認してください。

❶保存したプロジェクトを開いているか
❷メモ帳を起動しているか
❸Wordを起動しているか
❹ホットキーを設定したときのキーを間違えていないか
❺ホットキーの設定は、メモ帳やWordをクリックしてから行ったか

Column ［テキストを置換］アクティビティを使う

6-1節で紹介する、UiPath.Word.Activitiesパッケージに含まれる［テキストを置換］アクティビティを使うと、ずっと簡単により安定して動作するワークフローを作れます。

4 Webサイトの検索

Webサイトも操作できると便利ですね

ウェブレコーディングを使えば、もちろんできますよ

これまではベーシックレコーディングを使用してきましたが、ウェブレコーディングを使用して、ブラウザーを操作してみましょう。

●ウェブレコーディング

ベーシックレコーディングに慣れてきたところで、ほかのレコーディングにも挑戦してみましょう。**ブラウザー**を操作できる**ウェブレコーディング**です。

すぐに試してみたいところですが、使用前に拡張機能をインストールする必要があります。

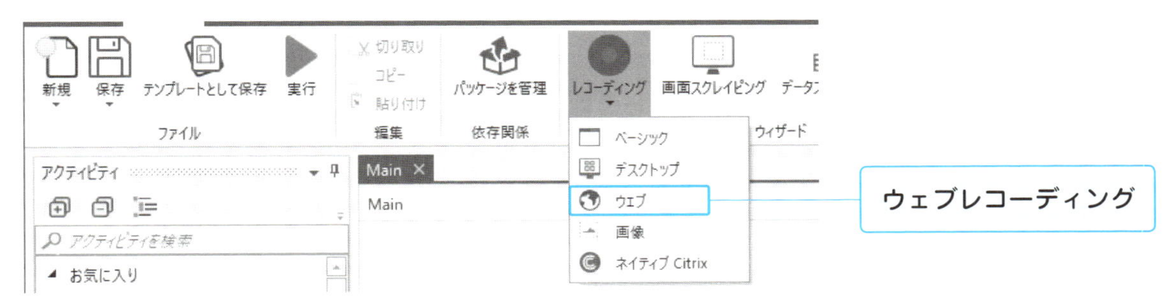

●Chrome拡張機能をインストールする

本書では、ブラウザーとして**Google Chrome**を使用します。使用前に拡張機能をインストールする必要がありますが、ChromeとMozilla Firefoxは、簡単に拡張機能が入れられるようになっています。なお、WindowsのデフォルトブラウザーであるEdgeは、拡張機能を入れることなく操作できます（Edgeを操作

するには、UIAutomationパッケージの「v18.4.4」を使う必要があります)。
　それでは、Chrome拡張機能をインストールしましょう。

❶拡張機能をインストールする

バックステージ画面の［ツール］タブを開き、［Chrome拡張機能］をクリックします

❷拡張機能を設定する

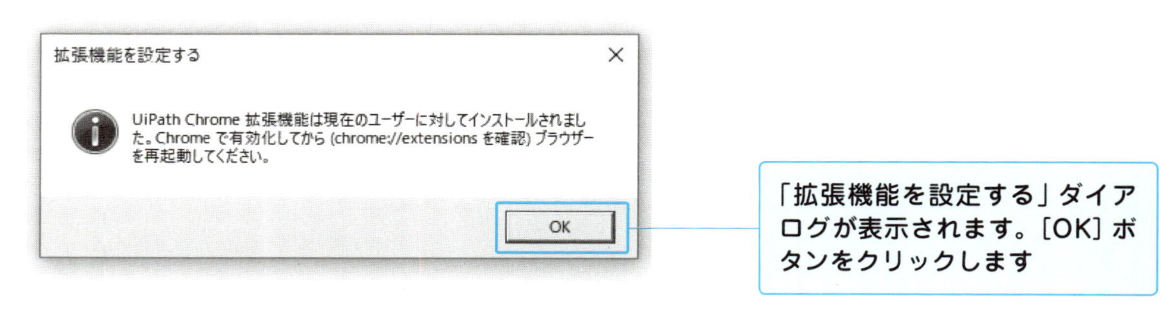

❸拡張機能が追加される

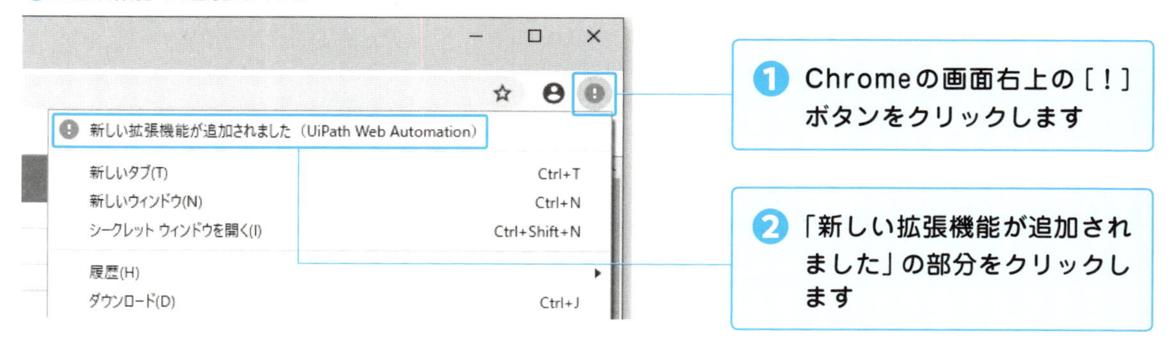

❹拡張機能を有効にする

「UiPath Web Automation」が追加されました

パソコン上の別のプログラムにより、Chrome の動作方法を変更する可能性のある拡張機能が追加されました。

次の権限にアクセス可能:

- アクセスしたウェブサイト上にある自分の全データの読み取りと変更
- アプリ、拡張機能、テーマを管理する
- 連携するネイティブ アプリケーションと通信

拡張機能を有効にする　Chrome から削除

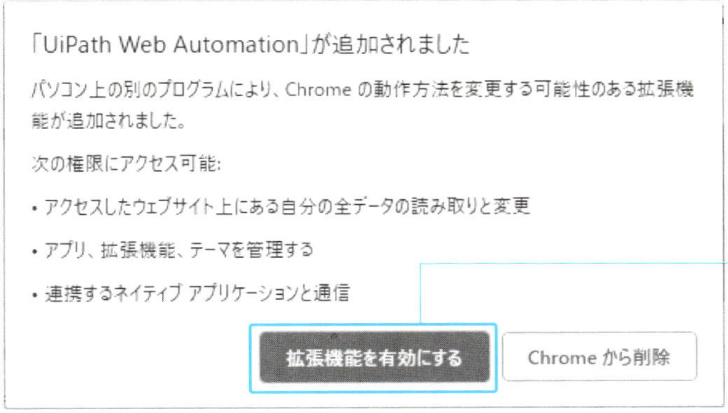

機能が追加されたというダイアログが表示されます。［拡張機能を有効にする］をクリックし、Chromeを再起動します

●今回のレコーディング内容

Chrome拡張機能がインストールできたら、実際にウェブレコーディングを行ってみましょう。

ウェブレコーディングを理解するために、シンプルなものがよいでしょう。特定のWebサイトを開き、フォームに文字を入力し、検索します。

▼やりたいことと実際の操作

やりたいこと	実際の操作
❶Webサイトを開く	➡アドレスバーにURLを入力する
❷フォームに文字を入力する	➡フォームに文字を入力する
❸検索する	➡［検索］ボタンをクリックする

レコーディング内容は、次の通りです。

❶Chromeのアドレスバーへの URL 入力を記録する
❷フォームへの文字入力を記録する
❸検索ボタンのクリックを記録する

●特定のWebサイトで検索するプログラムを作成する

特定のWebサイトで検索するプログラムを作成します。事前準備として、空のプロセスを作成し、編集画面を開いておきます。また、Google Chromeを起動し、「秀和システム」のWebサイト（https://www.shuwasystem.co.jp/）を開いておきます。

プロセス名は、「test014」とします。

▼プロジェクトの概要

名前	場所	説明
test014	デフォルト値 （C:¥Users¥ユーザー名¥Documents¥UiPath）	ウェブでの検索

❶コントローラーを起動する

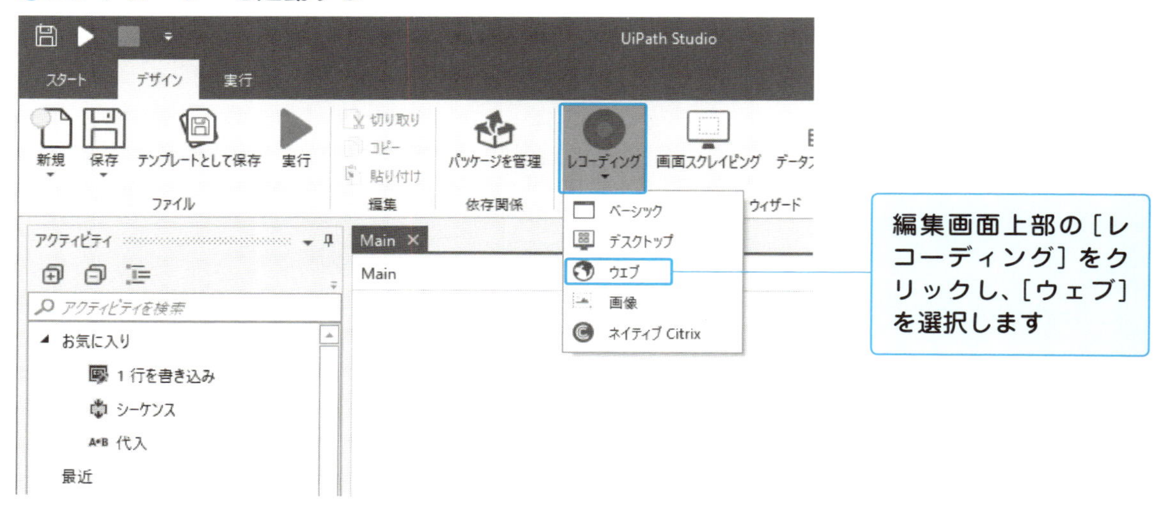

編集画面上部の［レコーディング］をクリックし、［ウェブ］を選択します

❷Webページを指定してブラウザーを起動する

コントローラーが起動したら、［ブラウザーを開く］から［ウェブページを開き、レコーディングを開始］をクリックします

❸対象と対象ページを指定する

Chromeをクリックすると、現在開いているページのURLが入力されたポップアップが表示されます。[OK]ボタンをクリックします

❹Webサイトの検索フォームに入力する

レコーディングコントローラーの[タイプ]を選択し、Webサイトの「キーワードを入力」と書かれた検索フォームをクリックすると、入力値を入力するポップアップが表示されます。「Excel」と入力して、[Enter]キーを押します

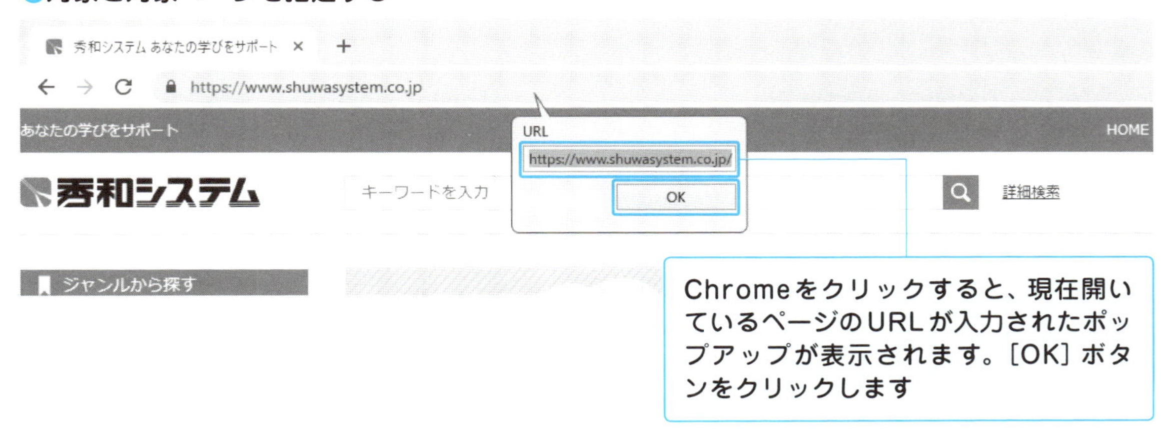

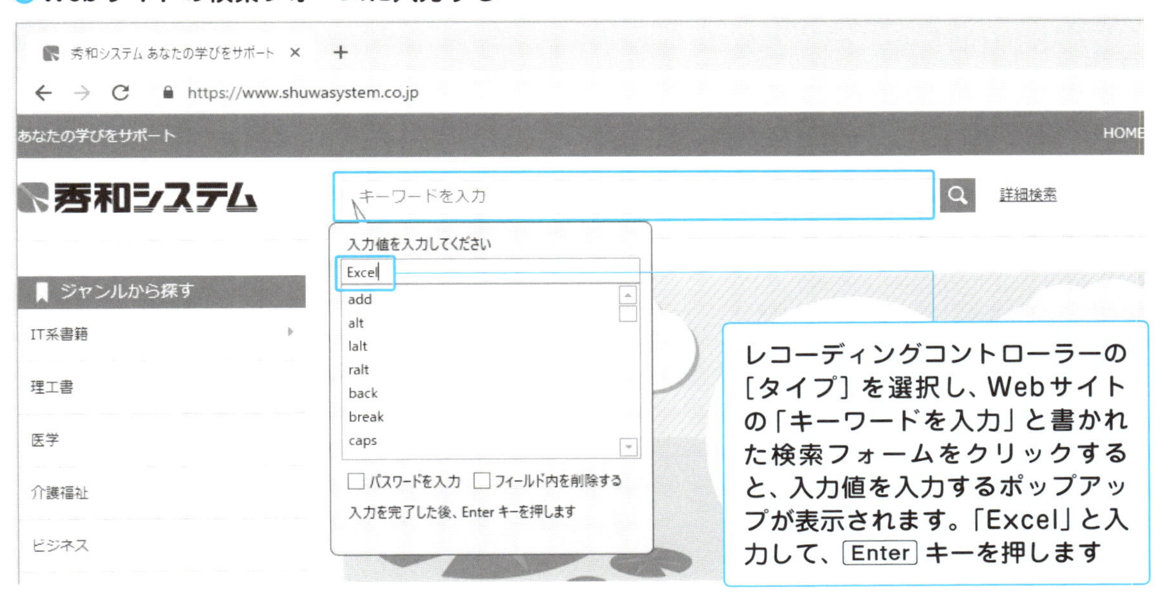

⑤Webサイトの［検索］ボタンをクリックする

レコーディングコントローラーの［クリック］➡［クリック］を選択し、Webサイトの［検索］ボタンをクリックします

⑥レコーディングの保存と終了

レコーディングコントローラーが再表示されます。［保存＆終了］をクリックして、レコーディングを保存し、編集画面に戻ります

⑦プロジェクトを保存する

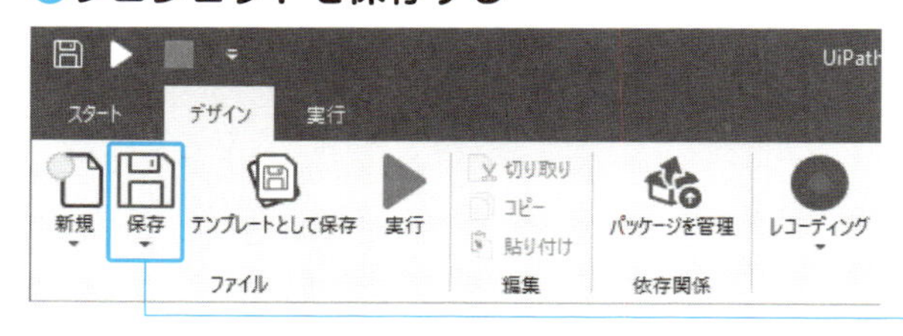

編集画面で［保存］をクリックします

プロジェクトが作成できたら、実行してみましょう。

編集画面で［実行］をクリックしてプロジェクトを実行すると、秀和システムのExcelに関連した書籍の一覧が表示されます

今回は、シンプルな例ですが、ウェブレコーディングでは、特定の要素を指定してコピーするなど、応用が効きます。

この後にもプログラム例を紹介しますから、楽しみにしてください。

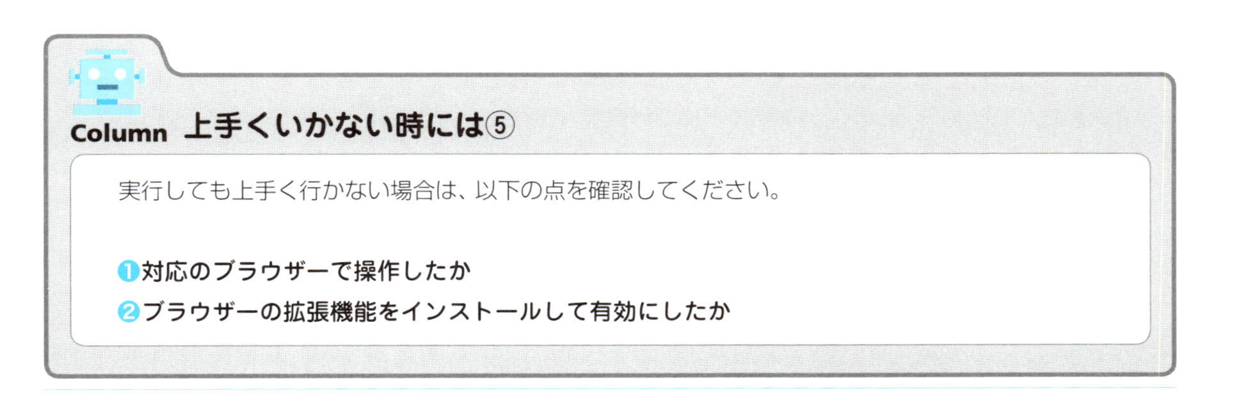

Column 上手くいかない時には⑤

実行しても上手く行かない場合は、以下の点を確認してください。

❶対応のブラウザーで操作したか

❷ブラウザーの拡張機能をインストールして有効にしたか

レコーディングとプログラミングの違い

レコーディングとプログラミングは、どう違うのでしょうか？

プログラミングでは、さらに複雑なことができます！

レコーディングには慣れたでしょうか？　さらに複雑なことを行うため、プログラミングを次の第5章からあつかっていきます。

●さまざまな種類があるレコーディング

この第4章では、いくつかレコーディングを実践してきましたが、いかがだったでしょうか。このように、レコーディングは大変手軽にプロジェクトを作成できます。

第4章で扱ったレコーディングは、**ベーシックレコーディング**と**ウェブレコーディング**ですが、そのほかのレコーディングも試してみてください。

特に**デスクトップレコーディング**は、ベーシックレコーディングと同じく、スタンダードなレコーディング方法です。

デスクトップレコーディングの場合は、アクティビティがコンテナに収納されるため、操作の対象となるソフトウェアや、ファイルを変える場合にも簡単に変更できて、似たようなプロジェクトをいくつか作る場合や、メンテナンスをする場合などに便利です。

ベーシックレコーディングと使い分けていくとよいでしょう。

●プログラミングが必要なこと

レコーディングは便利で手軽なのですが、実行結果の一部を取り出すなど加工を必要とする場合や、結果すべてに対して繰り返し処理したい場合、Excelなどでセルの範囲を選択したい場合、「○○ならこうする、××なら別のことをする」というように処理を分岐させたいプロジェクトを作成したい場合は、プログラミングが必要になります。次の第5章では、プログラミングについて学んでいきます。

Chapter 5

プログラミングしてみよう

アクティビティを操作してプログラミングする

プログラミングの知識がありませんが、できるでしょうか？

プログラミングと言っても、アクティビティを並べるだけです。大丈夫ですよ！

第5章からは、プログラミングを学習していきます。ただ、プログラミングと言っても、基本的にはアクティビティを並べ替えるだけなので、専門知識がなくてもできます。

●プログラミングする

レコーディングでは、実際に操作を行ったり、ボタンを選択して記録すると、それがワークフローとして作成されました。

プログラミングでは、アクティビティを1つずつ選択し、並べ替えてワークフローを作成していきます。プログラミングというと難しいように感じますが、基本的にはアクティビティを並べ替えるだけなので、プログラミングの専門知識がなくても大丈夫です。

レコーディングは簡単ですが、できないことがあったり、作りにくいタイプのプロジェクトがあります。一方、プログラミングは、アクティビティを並べ替える操作が少し面倒に感じるかもしれませんが、その分、自由度も高いです。

2つの方法を組み合わせることもできますから、上手く使い分けてワークフローを作成するとよいでしょう。

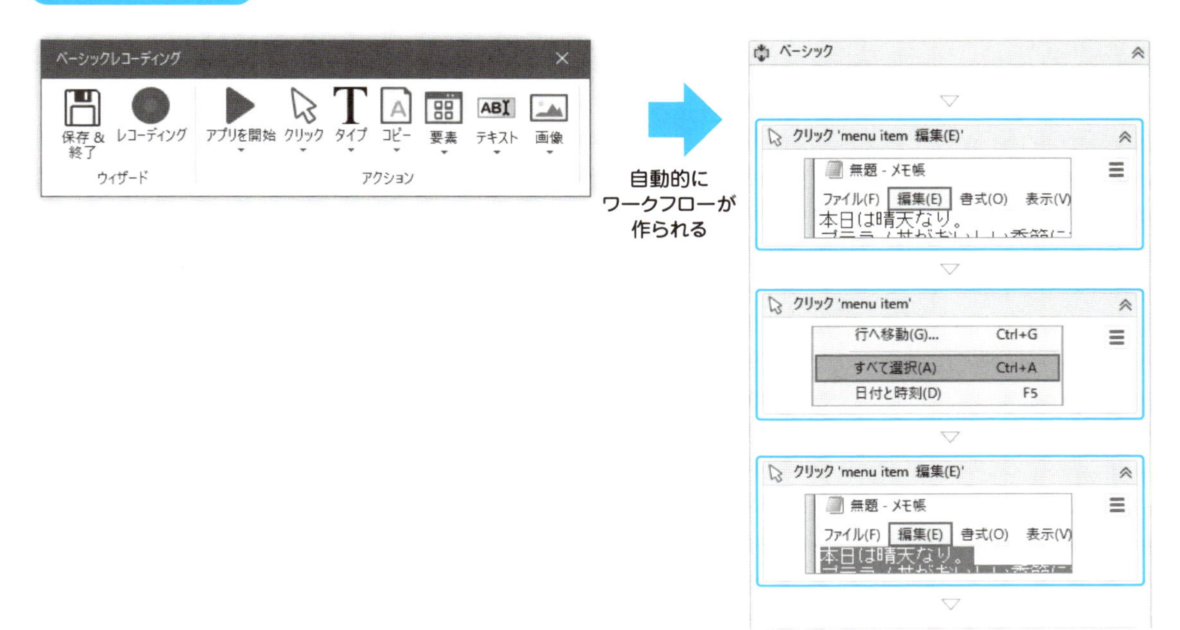

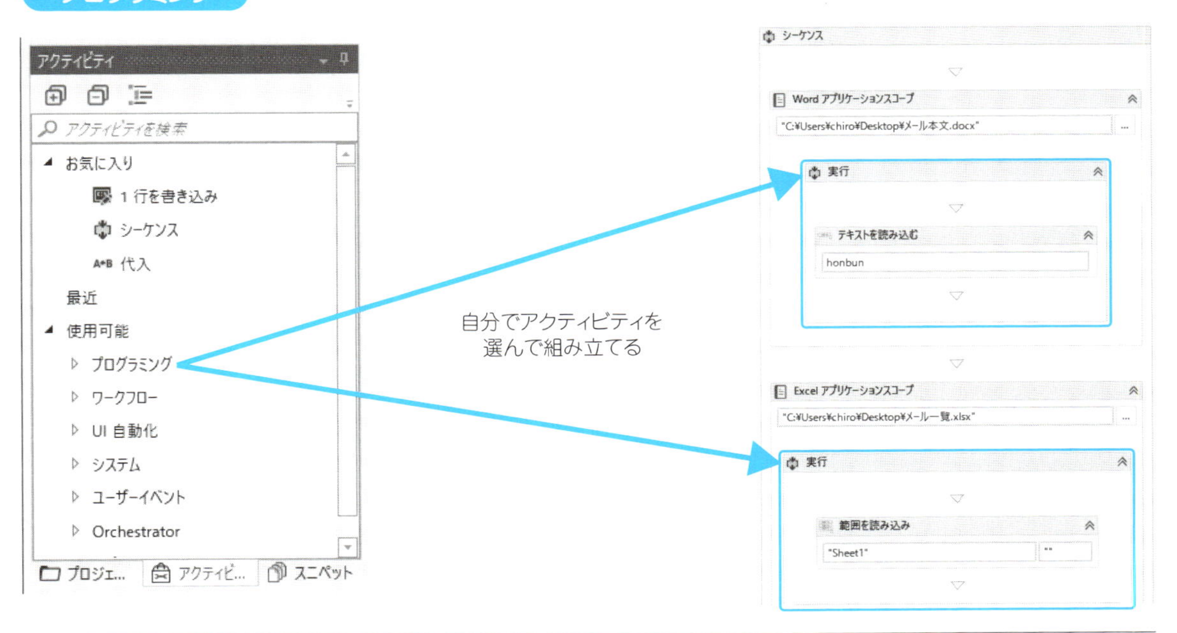

レコーディングとプログラミング

●アクティビティパネルとプロパティパネル

プログラミングする時に重要になってくるのが、**アクティビティパネル**と**プロパティパネル**です。

❶アクティビティパネル

アクティビティパネルは、アクティビティの本棚のようなものです。左カラムにあり、使用するアクティビティをここから取り出します。

❷プロパティパネル

プロパティパネルは、アクティビティに関する設定を行うのに使用します。右カラムにあります。

●アクティビティパネルの使い方

アクティビティパネルは、左カラムのプロジェクトパネルが表示されている箇所を、タブで切り替えて使用します。

アクティビティは、パネルから選択し、ドラッグ&ドロップで入力します。

アクティビティは、カテゴリーごとに分かれていますが、300種類以上あるので、探すのは大変です。

本書では、分類を覚えてもらうため、基本的にカテゴリーから選択する方法を取りますが、自分で操作する場合は、検索を上手く使う方が簡単でしょう。

検索は日本語に対応していますが、表示されない場合は、英語やカタカナ表記も試してみてください。

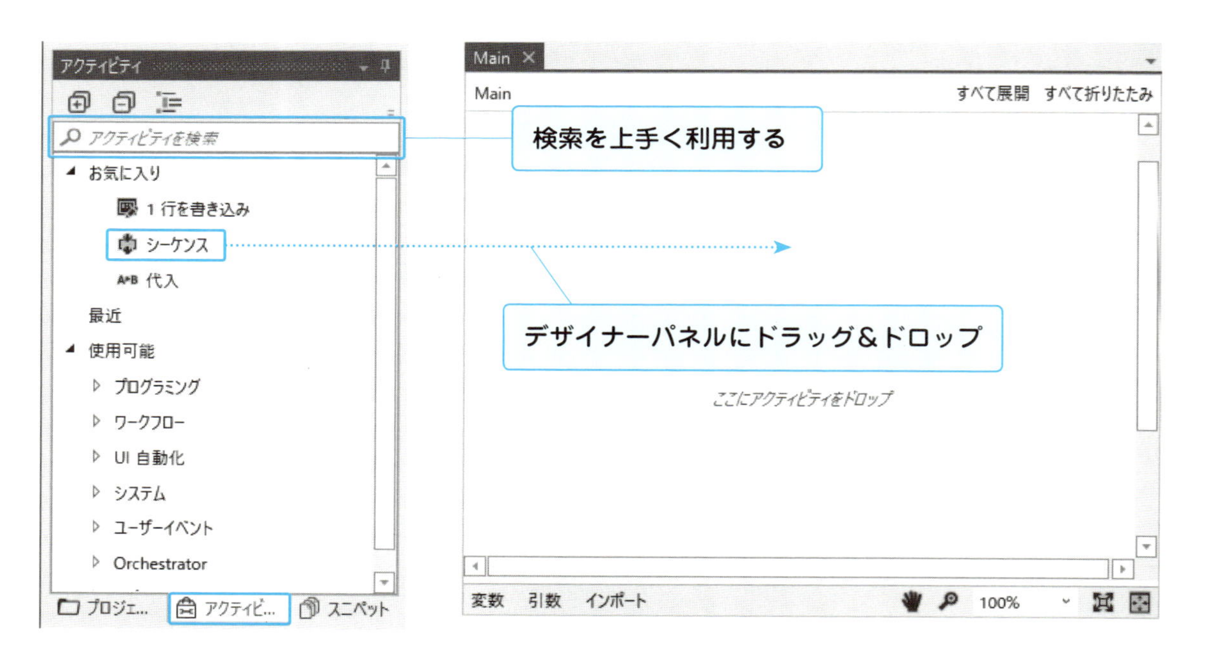

●プロパティパネルの使い方

プロパティパネルは、右カラムにあります。もし、表示されていなければ、タブで切り替えてください。

プロパティパネルでは、アクティビティの設定を行います。

何も選択していない状態の時は、現在、デザイナーパネルで開いているワークフローのプロパティが表示され、表示名が変更できます。

設定したいアクティビティを左クリックで選択すると、選択されたアクティビティのプロパティが表示されます。

別のアクティビティをクリックすれば、プロパティも切り替わります。

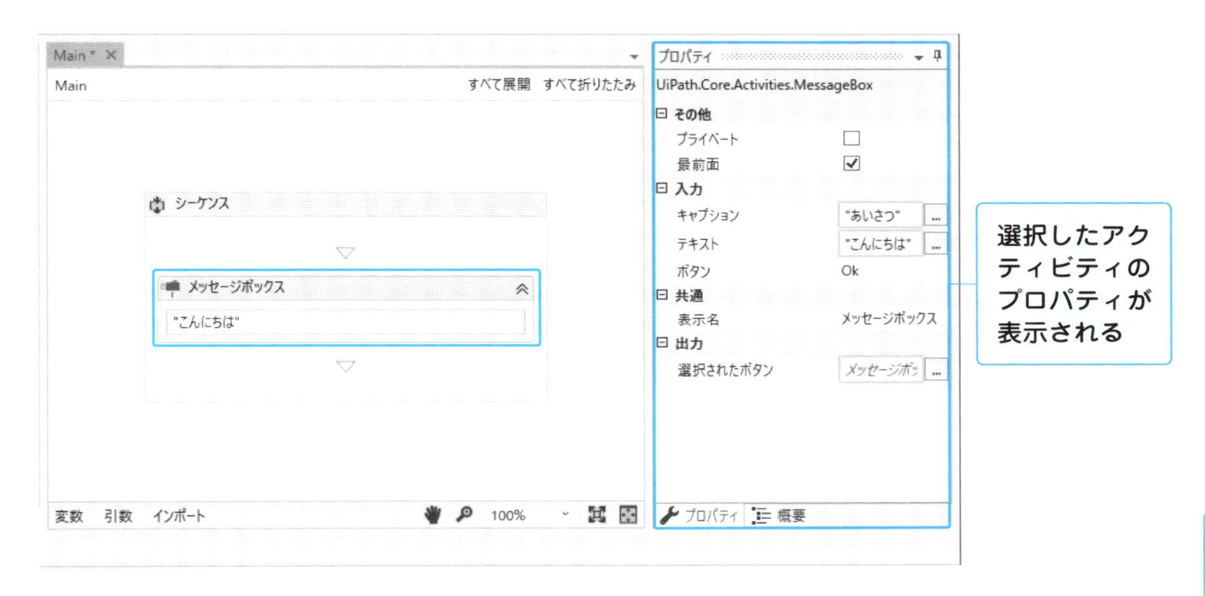

アクティビティ内の入力欄に入力する内容は、プロパティパネルにも表示されます。

たとえば、画面上の［メッセージボックス］の入力欄であれば、プロパティパネルの［テキスト］の項目に表示されます。

●文字列とダブルクォーテーション

アクティビティの入力欄やプロパティに、文字列を使用したい場合は、半角英数の「"」(ダブルクォーテーション）で囲みます。

これは、そのまま入力すると、プログラムの一部だとUiPathが勘違いしてしまうためです。後述する**変数**（145ページを参照）の場合は、プログラムの一部なので、囲みません。

文字列とダブルクォーテーション

●ワークフローの種類

UiPathでは、複数の**ワークフロータイプ**が用意されています。

ワークフロータイプとは、要は「アクティビティの並べ方」です。通常、アクティビティは、順番に処理されていきます。ワークフロータイプによって、アクティビティの並べ方の自由度が変わるため、ワークフローによっては繰り返したり、分岐したりするような処理を作りやすくなります。

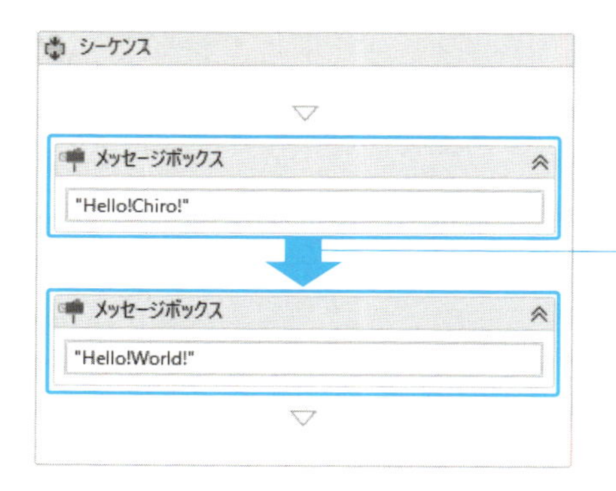

アクティビティは順番に処理される

どのようなワークフローを作るかによって選択しますが、最初のうちは、シンプルなワークフローである**シーケンス**を使用すればよいでしょう。シーケンスは、複数のアクティビティを直線的に実行するワークフローです。

ワークフローをファイルとして新規作成するには、デザインリボンの［新規］をクリックして、タイプを指定します。また、ワークフローを既存のワークフローの中に配置するには、配置したいタイプのワークフローのアクティビティをドラッグ&ドロップします。

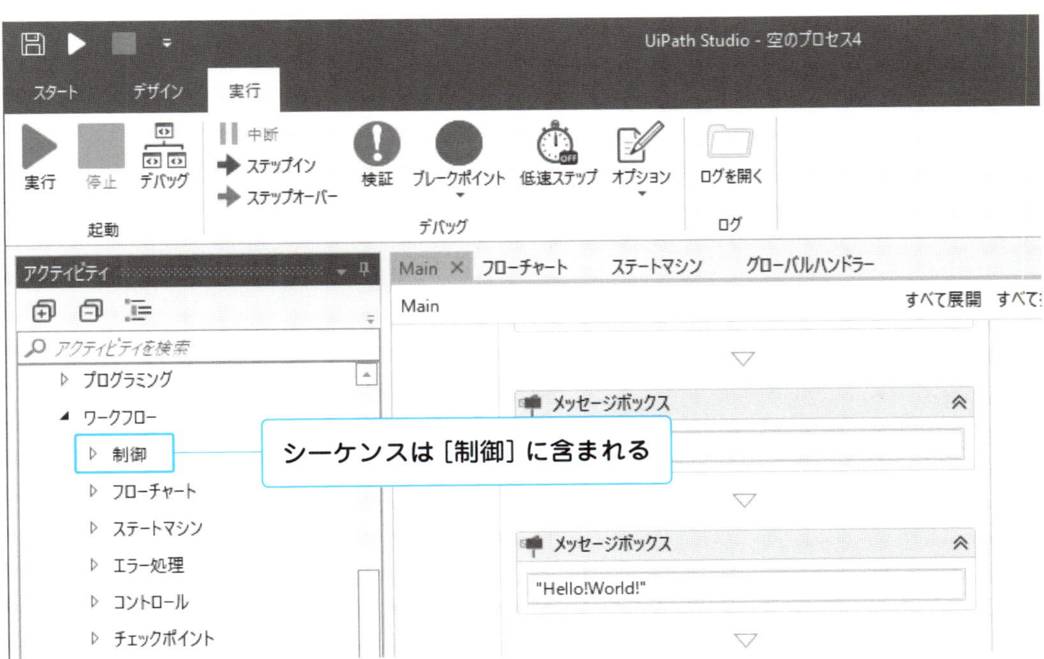

デザイナーパネルで既存のワークフローを開いた状態でレコーディングすると、このワークフローの中にシーケンスが作成されます。デザイナーパネルでワークフローを開いていない状態でレコーディングすると、新規にシーケンスのワークフローファイルが作成されます。

シーケンス

シーケンスは、上から下へ直線的にアクティビティを実行していくワークフローです。
シンプルでわかりやすいので、最初はこのタイプを使っていくとよいでしょう。

フローチャート

フローチャートは、アクティビティ同士の順番を自由に設定できます。特に、繰り返したり、分岐させるような処理に向いています。

シーケンスをまとめてフローチャートに組み込むこともできるので、慣れてきたら、フローチャートで複雑な処理を組むとよいでしょう。

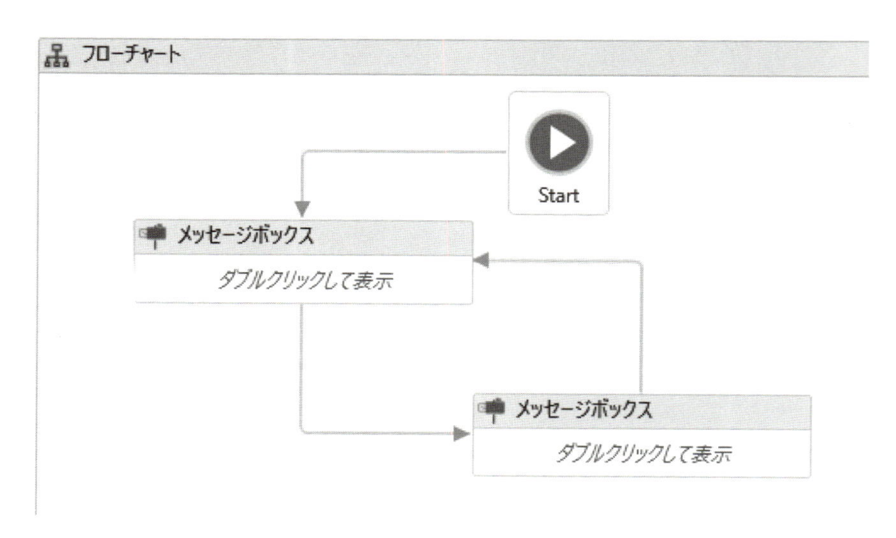

ステートマシン

ステートマシンは、複雑かつ、特殊なワークフローです。トランジション*のあるフローチャートを考えるとわかりやすいでしょう。

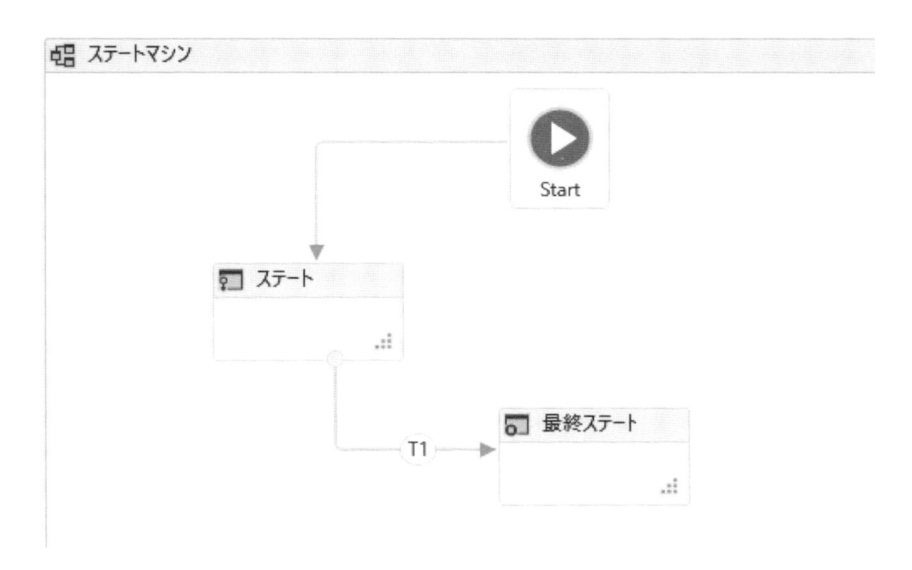

グローバルハンドラー

グローバルハンドラーは、実行エラーが発生した場合に、エラー処理を行うワークフローです。プロジェクトに含まれるワークフローファイルのうち、1つだけをグローバルハンドラーにできます。

ワークフローをグローバルハンドラーにするには、プロジェクトパネルでワークフローファイルを右クリックして、[グローバルハンドラーとして設定] をクリックします。

今回はシーケンスを使用しますが、
フローチャートも便利なので、
使ってみると良いですよ

*トランジション　処理前、処理後、決済済み、完了などの状態を持つ処理フローのこと。

メッセージボックスを表示してみよう

メッセージを表示できると、便利なのですが
メッセージボックスを使って、表示できますよ！

プログラミングでは、メッセージボックスや入力ダイアログを組み込むことができます。これらを使用できると、自動化できるものの幅が広がります。

●メッセージボックスと入力ダイアログ

さっそく、プログラミングでなければできないことをやってみましょう。

最初は、メッセージボックスや入力ダイアログのような、**ダイアログボックス**を表示させるプロジェクトを作成します。

ダイアログボックスは、何かWindows上で操作をして任意で表示できるようなものではないので、レコーディングでは記録できません。ほかにクリップボードを使用したり、分岐するようなワークフローも、プログラムなら作れるので、追々やっていきましょう。

●メッセージボックス

パソコンを操作している時に、メッセージが表示されることがあります。これを**メッセージボックス**と言います。

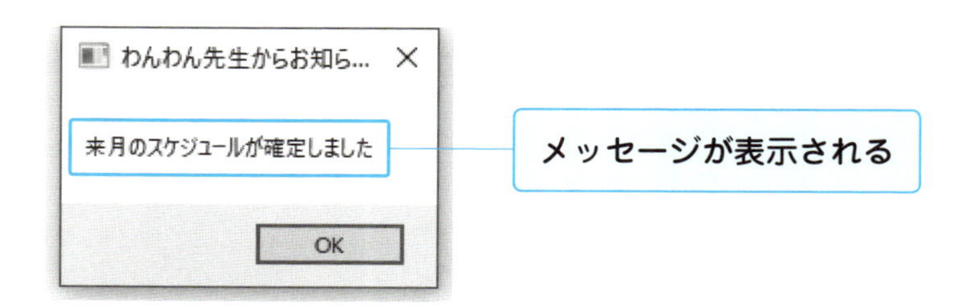

入力ダイアログ

ダイアログボックスには、入力欄のあるタイプもあります。これを**入力ダイアログ**（入力ボックス）と言います。

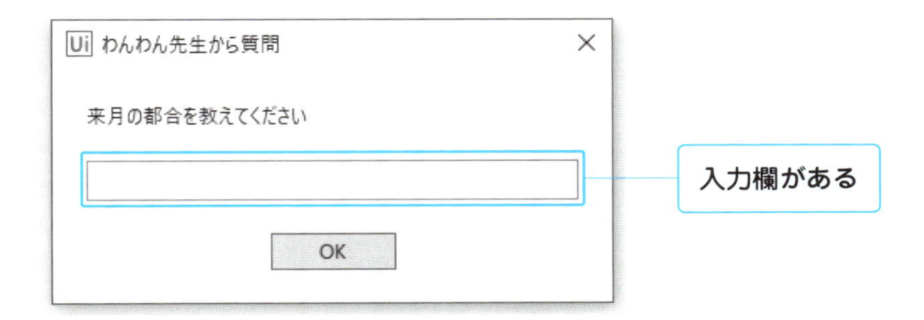

ダイアログボックスの構造

普段、何気なく見ているダイアログボックスですが、ボックスの中に表示される内容には、名称があります。プログラミングする時に、これらを指定するので、覚えておきましょう。

ダイアログの左上に表示されるのが**キャプション**もしくは**タイトル**、主となるメッセージ内容が**テキスト**です。入力項目に対する説明のことを**ラベル**と言います。

メッセージボックスと入力ダイアログでは、呼び名が違うので注意してください。

▼メッセージボックス

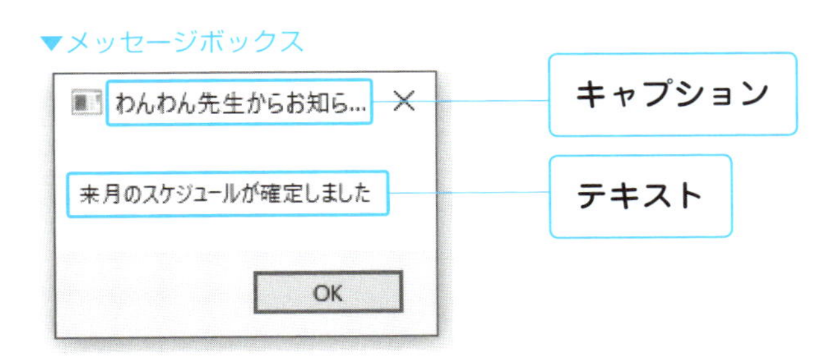

▼入力ダイアログ

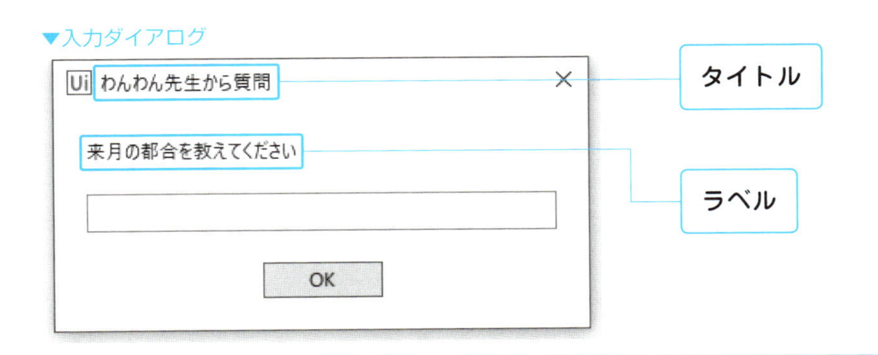

こうしたタイトルやラベルは、プログラミングしながら考えると、面倒なものなので、プロジェクトを作る前に決めておきます。

また、図では、[OK] ボタンとなっていますが、このボタンも [OK] [キャンセル] の選択式や、[はい] [いいえ] の選択肢などに変更できます。

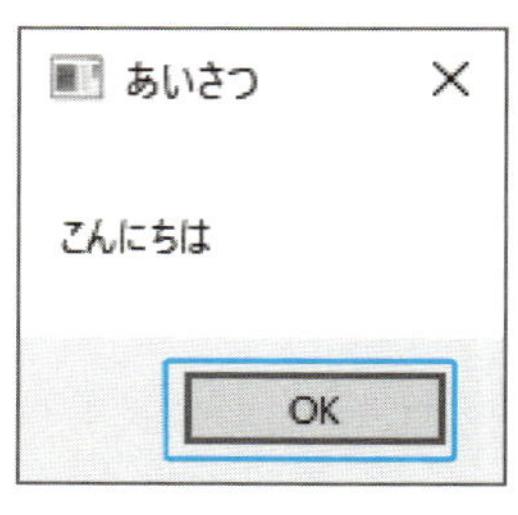

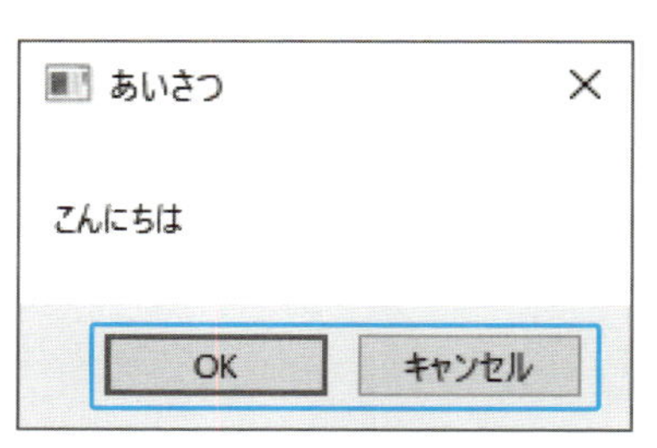

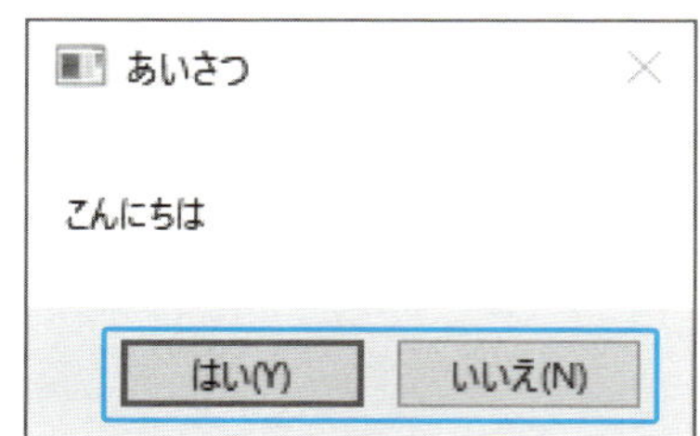

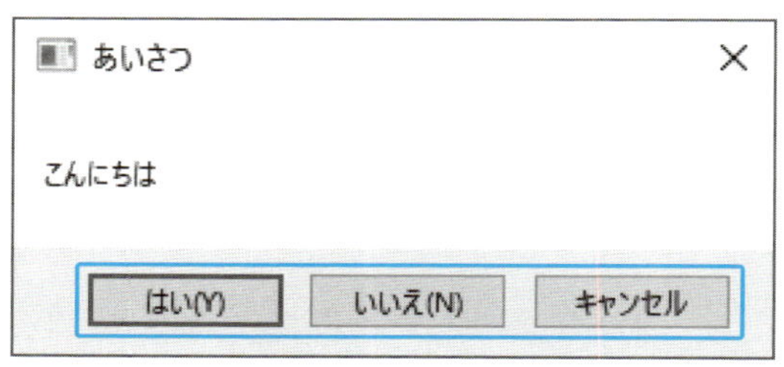

●今回のプログラミング内容

メッセージボックスを表示するプログラムを作成してみましょう。
実行すると「こんにちは」というメッセージが表示されるだけのシンプルなプロジェクトです。

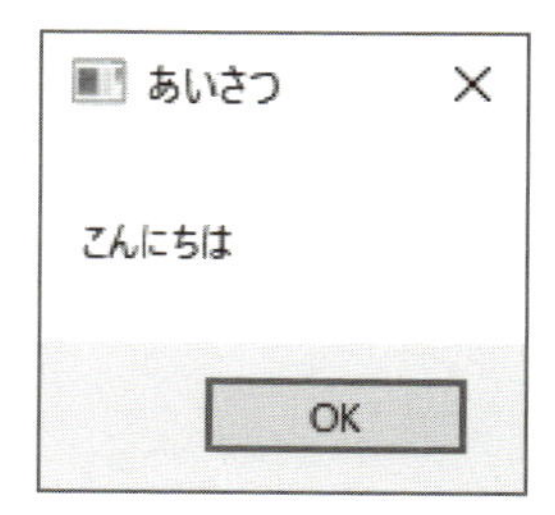

▼やりたいことと実際の操作

やりたいこと	実際の操作
挨拶をする	➡挨拶をするメッセージボックスを出す

▼使用するアクティビティ

メッセージボックス（MessageBox）…システム＞ダイアログ＞メッセージボックス

アクティビティは、検索でも探すことができます。メッセージボックスは「メッセージ」と検索すると、表示されます。

●アクティビティに設定する内容

メッセージボックスアクティビティでは、［キャプション］と［テキスト］を設定します。

キャプションは、ダイアログのタイトルです。テキストは、表示する内容です。

▼アクティビティに設定する内容

項目	設定内容
キャプション	"あいさつ"
テキスト	"こんにちは"

●メッセージボックスを表示するプロジェクトを作る

メッセージボックスを表示するプロジェクトを作ってみましょう。まず、事前準備として、空のプロセスを作成し、編集画面を開いておきます。プロセス名は、「test021」とします。

▼プロジェクトの名前と保存場所

名前	場所	説明
test021	デフォルト値 （C:¥Users¥ユーザー名¥Documents¥UiPath）	メッセージボックスを出す

❶アクティビティパネルを表示する

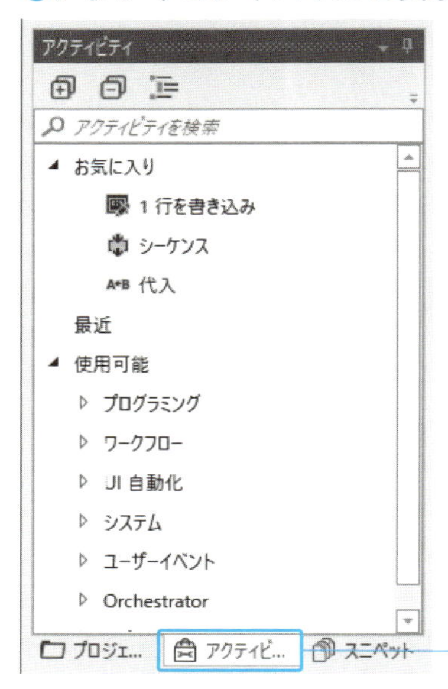

左カラム下方にある切り替えタブで、アクティビティパネルを表示させます

❷アクティビティを選択する

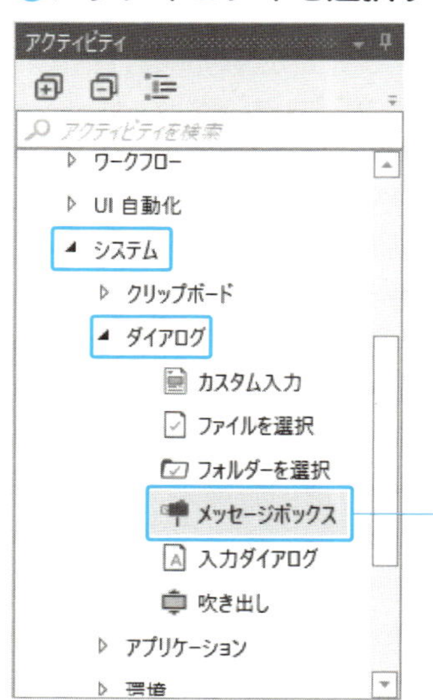

アクティビティパネル内の［使用可能］カテゴリーから［システム］を選択し、［ダイアログ］の中の［メッセージボックス］を見つけます

❸アクティビティをドラッグ&ドロップする

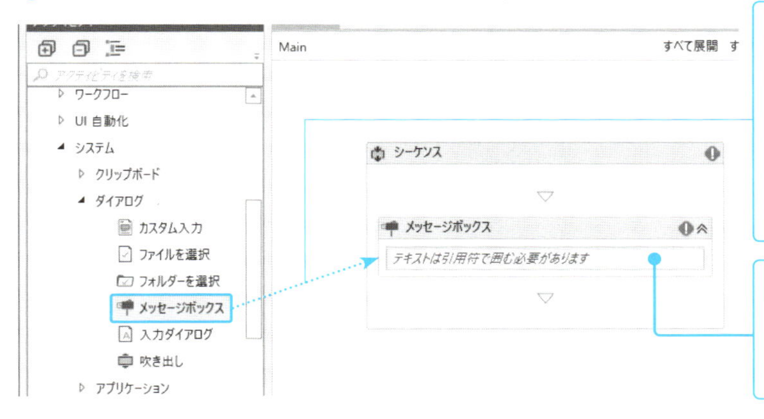

❶［メッセージボックス］をデザイナーパネルにドラッグ&ドロップします。すると、シーケンス枠と共に入力ダイアログのアクティビティが表示されます

❷［テキストは引用符で囲む必要があります］と書かれた入力欄をクリックします

❹アクティビティの中身を設定する

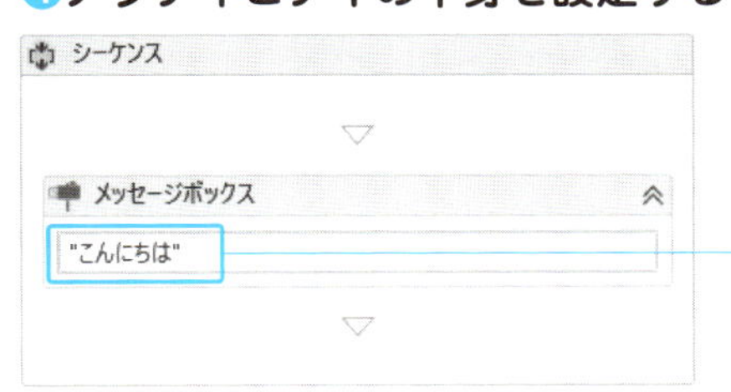

入力欄に表示したいテキスト「"こんにちは"」を入力します。その場合、「"（ダブルクォーテーション）」でくくるのを忘れないでください

❺メッセージボックスのキャプションを指定する

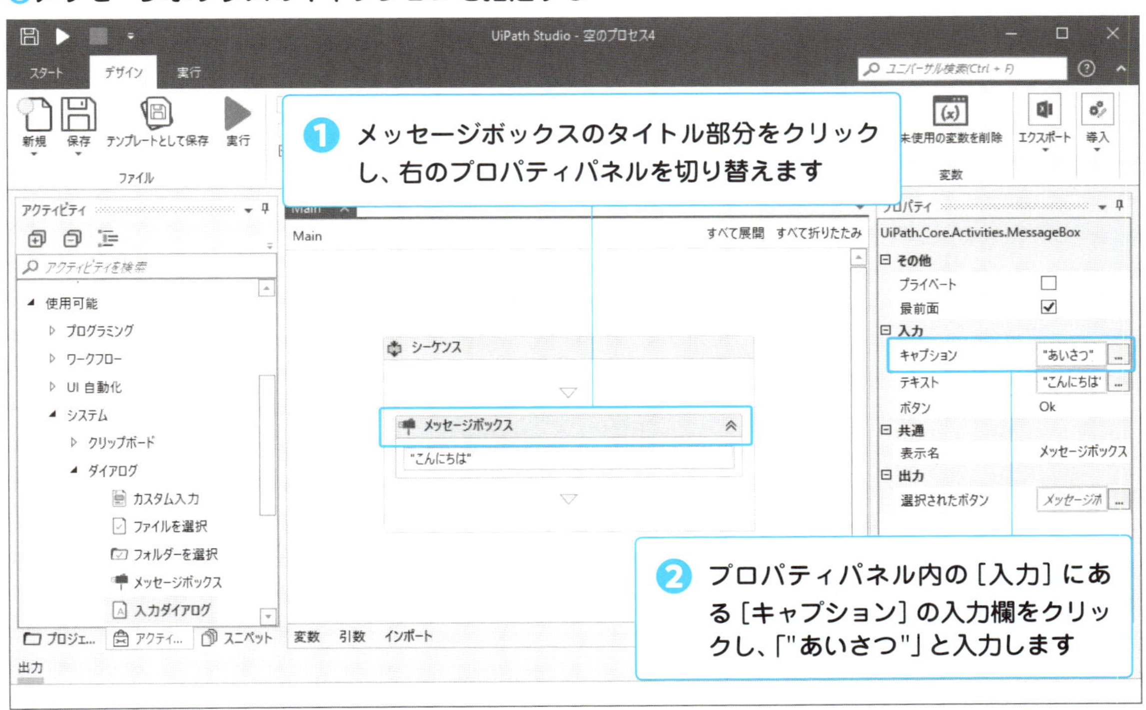

❻プログラミングが完成した

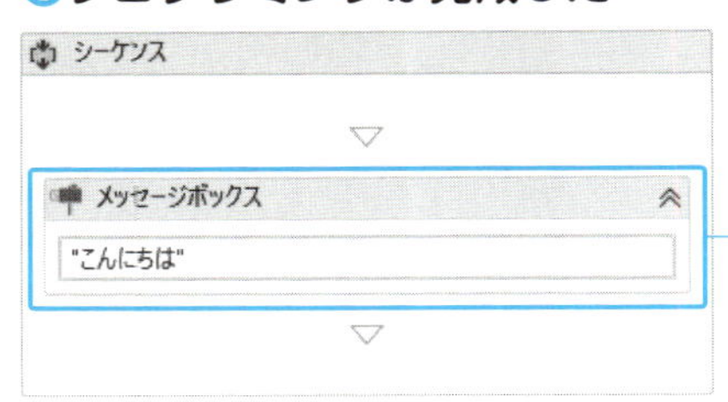

エラーが表示されないこと（下のコラムを参照）を確認したら、プロジェクトの完成なので、もう一度ワークフローを見直します

❼プロジェクトを保存する

編集画面の［保存］をクリックし、プロジェクトを保存します

プロジェクトができたら、実行してみましょう。「こんにちは」というメッセージが表示されたら成功です。［OK］ボタンをクリックしてください。

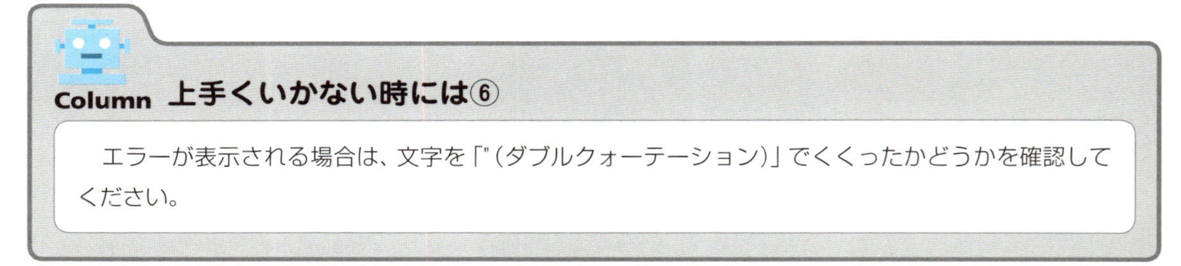

Column 上手くいかない時には⑥

エラーが表示される場合は、文字を「"（ダブルクォーテーション）」でくくったかどうかを確認してください。

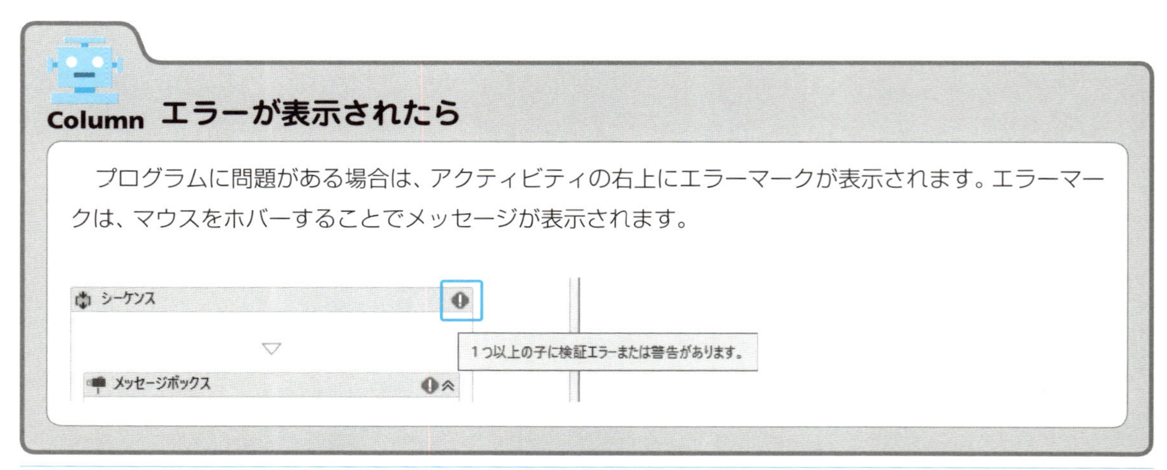

Column エラーが表示されたら

プログラムに問題がある場合は、アクティビティの右上にエラーマークが表示されます。エラーマークは、マウスをホバーすることでメッセージが表示されます。

3 変数を使ってみよう

決められた内容以外も扱えないでしょうか

それには、変数を使いますよ！

状況によって異なる値を扱うには、変数を使います。変数を使えば、いろいろな値を組み込むことができるようになります。

●変数とは

前節で、メッセージボックスを表示するプロジェクトを作成しました、しかし、このプロジェクトでは「こんにちは」のように、プログラミング時に決めた内容しか表示できません。できれば、「こんにちは」だけではなく、「こんにちは！○○さん」のように、名前の部分を変更したくなります。

そこで登場するのが**変数***です。変数とは、まさに「こんにちは！○○さん」の「○○」の部分のことです。

このように書いた時の「○○」は、ある特定の「マルマル」というものを表すのではなく、状況によって何かの文字列や数値などが入ることを表しています。

中学校で習う方程式の「3x+5y=16」の「x」や「y」の部分ももちろん変数です。

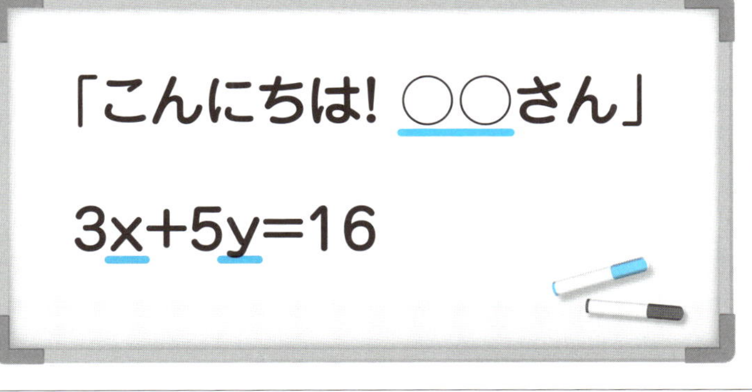

「こんにちは! ○○さん」
3x+5y=16

○○や x、y の部分が
変数だよ

変数

* **変数**　プログラミングの世界では、値を格納する場所のことを指す。その場所に対してXやYなどの名前を付けると言う概念なので、UiPathでも「変数を作る」「変数の名前をつける」などと言う。

●変数を作る

ということで、私たちも変数を使ったプロジェクトを作ってみましょう。

変数を使うには、変数を作らなければなりません。

UiPathでは、項目の入力欄上でCtrl＋Kキーを押すと、「名前の設定：」が表示されます。ここに変数の名前を入力することで、変数が作られます。

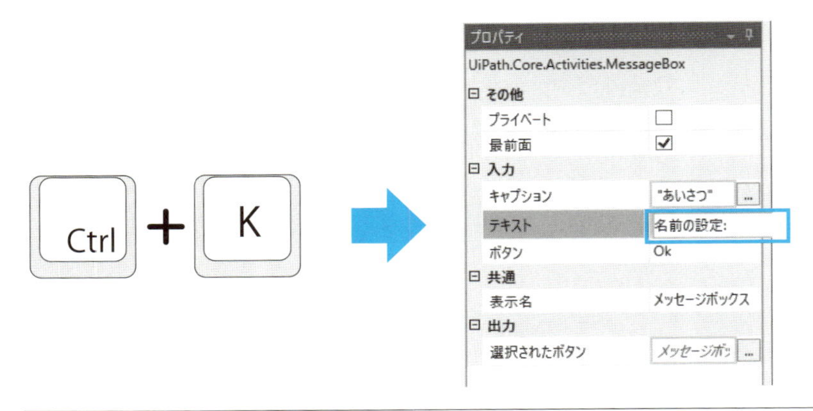

変数を作る

なお、**変数名**は、一般的に半角英数の文字列を使いますが、UiPathでは**日本語**の文字列を使うことができます。たとえば、「ユーザー名」「時間」などの名前を持つ変数を作成することができます。

●変数の型とスコープ

作成した変数は、デザイナーパネル下部にある［変数］タブに一覧として表示されます。変数には、**データ型**と**スコープ**があります。

●変数のデータ型

「どのような種類の値」を変数にするかを規定するものです。文字列を意味するStringや、万能型のGenericValue*などがありますが、最初のうちは難しいので、変数を作った時のそのままのデータ型を使用してかまいません。

●変数のスコープと既定値

変数のスコープは、その変数が通用する範囲のことです。たとえば、スコープがシーケンスとなっていると、このシーケンスのアクティビティ内でしかその変数は通用しません。ほかのアクティビティでも使用したい場合は、範囲を広げる必要があります。既定値は、初期値のことです。

＊GenericValue　GenericValueはUiPath固有のデータ型です。テキスト、数値、日付、配列といった種類のデータを格納することができます。

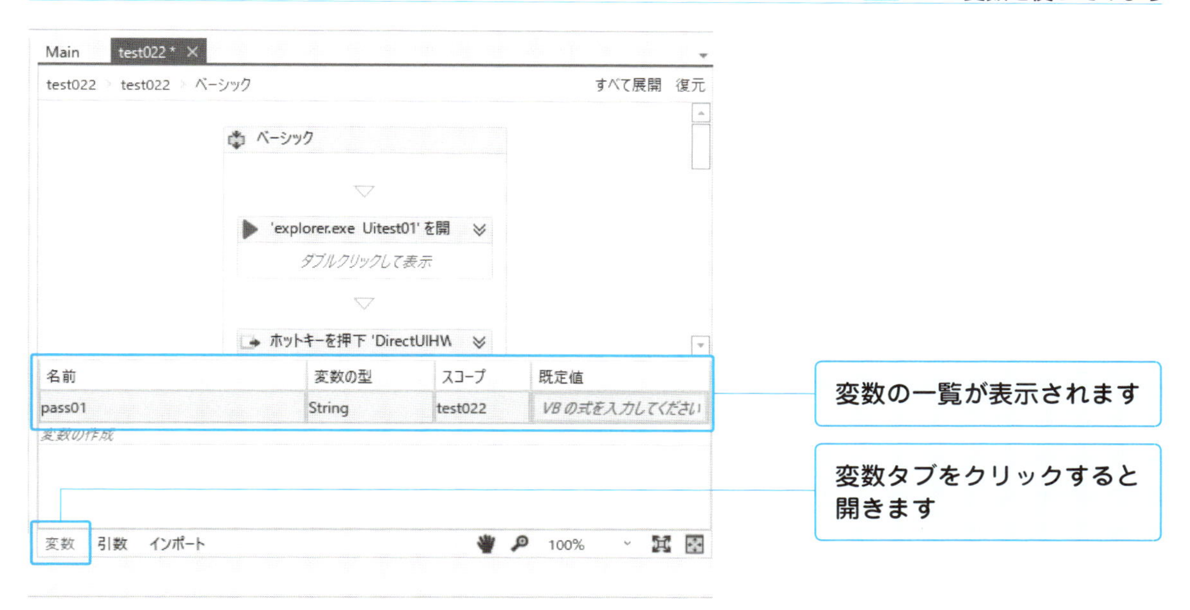

入力と出力

アクティビティによっては、**入力**や**出力**を設定できます。

入力

入力とは、アクティビティに値を渡すものです。5-2節でも「こんにちは」と入力しましたね。

出力

出力は、そのアクティビティによって得た値を、ほかのアクティビティに渡します。

この入出力と変数を上手く組み合わせると、ユーザーが入力したデータを加工したり編集したりして別の処理に使うことができます。

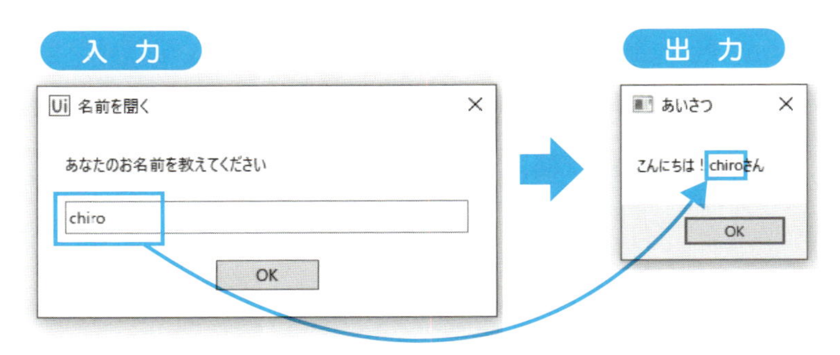

入力と出力

変数名は、「"」(ダブルクォーテーション)でくくりません。そのまま使います。

「こんにちは」と変数を続けて書きたい場合は、「"こんにちは"＋変数名」のように、「＋」(プラス記号)で接続し、変数以外の文言は「"」でくくります。

文字列と変数の接続

●今回のプログラミング内容

前回、メッセージボックスを表示するワークフローを作成しました。今回は、前回のワークフローに入力ダイアログを追加してみましょう。

入力ダイアログで、ユーザーに名前を尋ね、名前が入力されたら、その情報を組み込んで、「こんにちは！」と挨拶するメッセージにします。

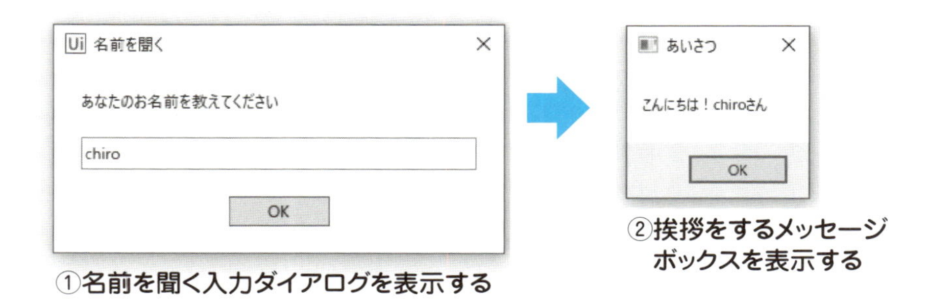

挨拶をするメッセージボックスを表示する

▼やりたいことと実際の操作

やりたいこと	実際の操作
❶名前を聞く	➡名前を問う入力ダイアログを出す
❷挨拶をする	➡挨拶をするメッセージボックスを出す

組み込むためには、入力された名前をいったん変数に入れ、メッセージボックスは、「こんにちは！」と変数を組み合わせたメッセージを表示するようにします。具体的な操作としては、入力ダイアログ*の［出力］項目で変数を作り、メッセージボックスの［入力］項目にその変数を組み込みます。

変数の名前は、「name01」としましょう。

▼作成する変数

変数の種類	変数名
名前を格納する変数	name01

▼使用するアクティビティ

入力ダイアログ（InputDialog）…システム＞ダイアログ＞入力ダイアログ

●メッセージボックスを出すプロジェクトを作る

メッセージボックスを出すプロジェクトを作ってみましょう。まず事前準備として、5-2節で作成したメッセージボックスを表示するプロジェクトを開いておきます。

▼プロジェクトの名前と保存場所

名前	場所	説明
test021	デフォルト値 （C:¥Users¥ユーザー名¥Documents¥UiPath）	メッセージボックスを出す

＊**入力ダイアログ**　アクティビティパネルの検索欄で「入力」と検索するとみつけやすい（132ページを参照）。

❶入力ダイアログを選択する

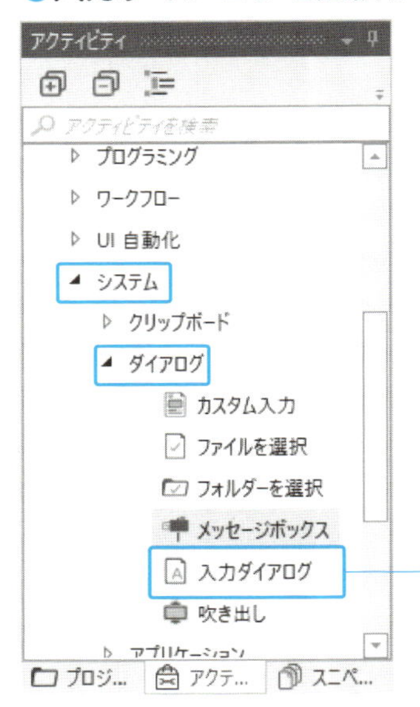

アクティビティパネル内の［使用可能］カテゴリーから［システム］を選択し、［ダイアログ］の中の［入力ダイアログ］を選択します

❷入力ダイアログをドラッグ＆ドロップする

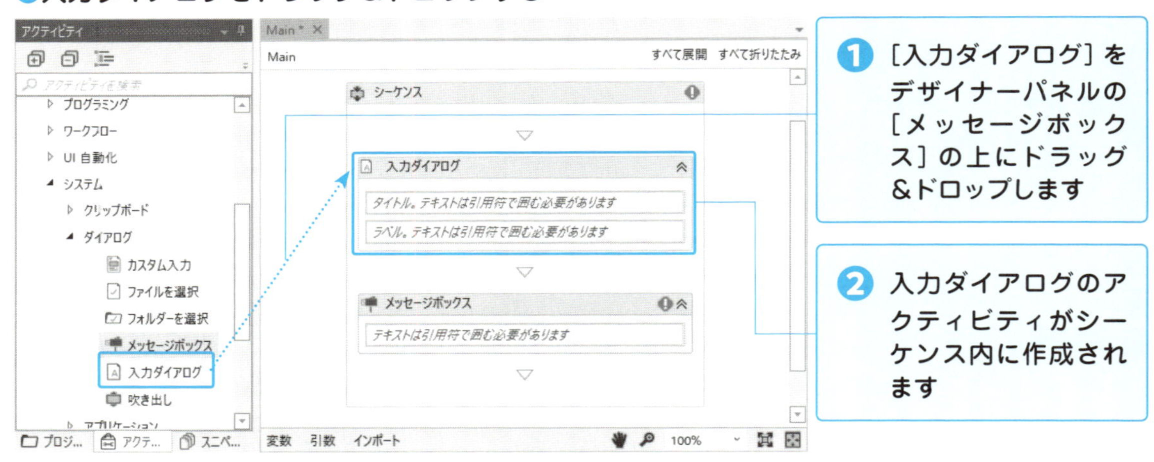

❶ [入力ダイアログ]をデザイナーパネルの[メッセージボックス]の上にドラッグ&ドロップします

❷ 入力ダイアログのアクティビティがシーケンス内に作成されます

❸入力ダイアログの中身を設定する

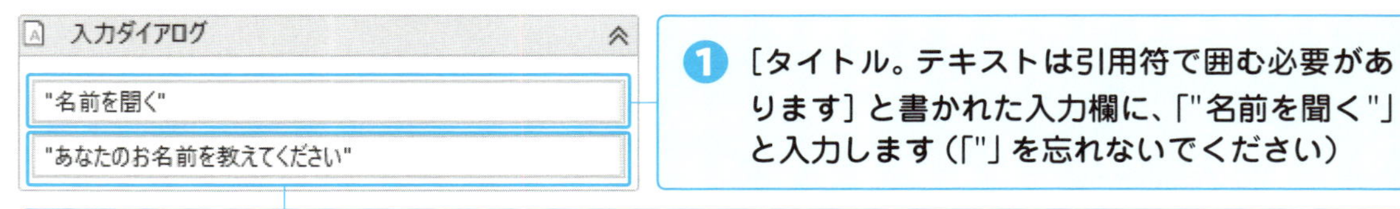

❷［ラベル。テキストは引用符で囲む必要があります］と書かれた入力欄に、「"あなたのお名前を教えてください"」と入力します

❹入力ダイアログを選択する

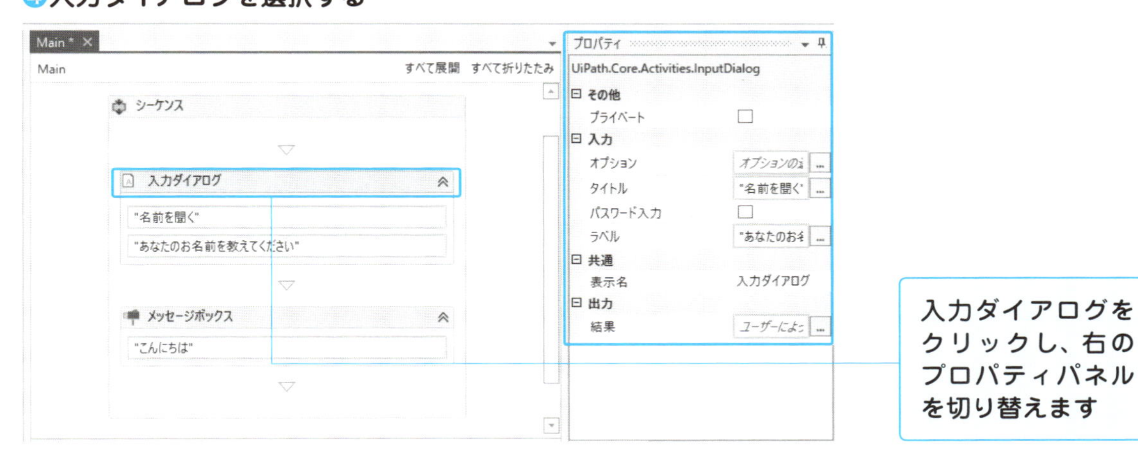

❺入力ダイアログの出力先を指定する

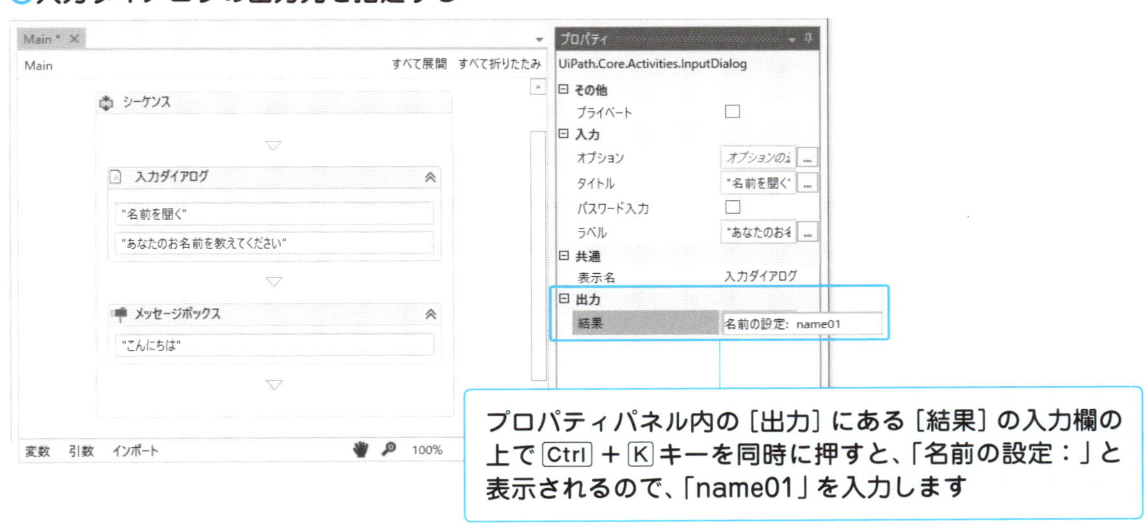

プロパティパネル内の［出力］にある［結果］の入力欄の上で Ctrl ＋ K キーを同時に押すと、「名前の設定：」と表示されるので、「name01」を入力します

❻メッセージボックスでの入力を設定する

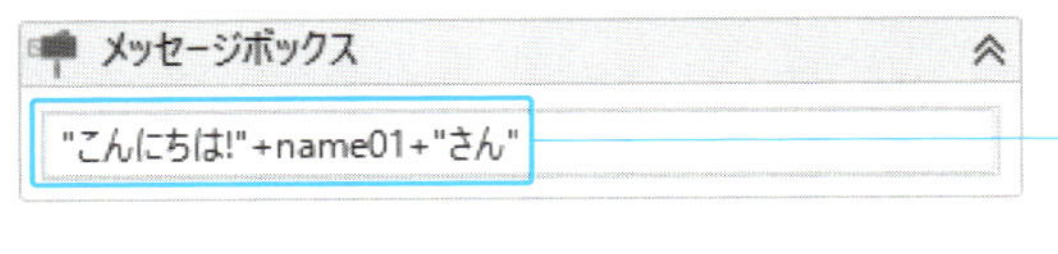

メッセージボックスの入力欄をクリックし、「"こんにちは"」に対し、「＋」と、先ほど作った変数名「name01」、「＋"さん"」と入力します（プロパティパネルの［入力］で設定しても大丈夫です）

❼プログラミングが完成した

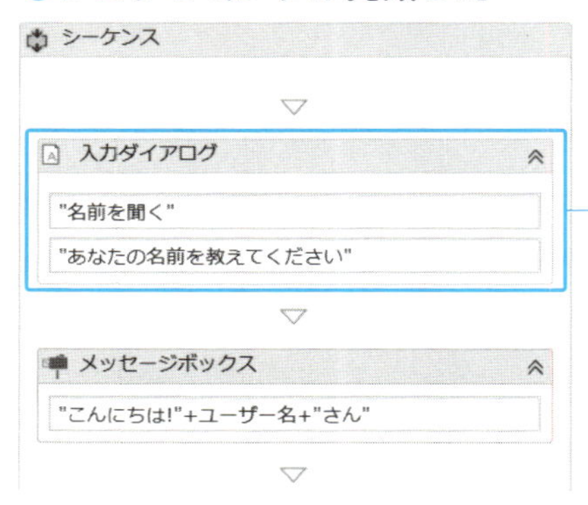

エラーが表示されないこと（144ページのコラムを参照）を確認したら、プロジェクトの完成なので、もう一度ワークフローを見直します

❽プロジェクトを保存する

編集画面の［保存］をクリックし、プロジェクトを保存します

プロジェクトができたら、実行してみましょう。名前を聞かれたら答えてください。ダイアログが表示されたら成功です。［OK］ボタンをクリックしてください。

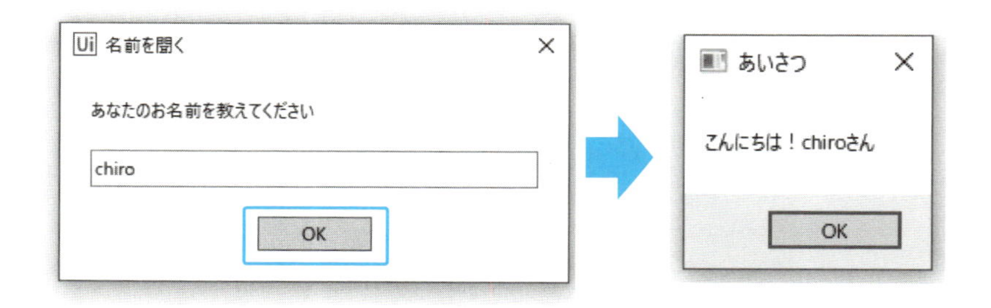

Column 上手くいかない時には⑦

間違えた場所にドラッグ＆ドロップした時は、マウスでもう一度ドラッグ＆ドロップすると上下の位置を動かせます。

変数は Ctrl ＋ K キーで「名前の設定」と表示されてから入力します。この操作をせずに、「name01」とだけ入力するとエラーになるので注意してください。

Chapter 6

仕事を
自動化してみよう

アクティビティパッケージの追加

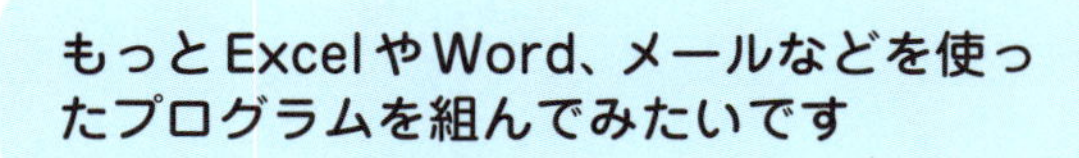

もっとExcelやWord、メールなどを使ったプログラムを組んでみたいです

そのためには、アクティビティパッケージを追加します！

UiPathには、アクティビティパッケージが用意されています。アクティビティパッケージを使えば、そのソフトウェア固有の操作もできるようになります。

●アクティビティを追加する

プログラミングには慣れてきたでしょうか。これまでは、すでに用意されたアクティビティを使用してきましたが、今度は自分で**アクティビティパッケージ**を追加して、それを使ったプログラムを作ってみましょう。

アクティビティパッケージとは、その名の通り、何らかの機能に対するアクティビティがまとめられているパッケージです。［パッケージを管理］から追加します。

アクティビティパッケージには、ExcelやWord、メールを操作するものなどが用意されています。専用のアクティビティを使用することで、そのアプリケーション固有の操作を行うことができるようになります。

よく使うアクティビティパッケージには、次のようなものがあります。

❶Excel用
❷Word用
❸メール用
❹PDF用
❺Web用

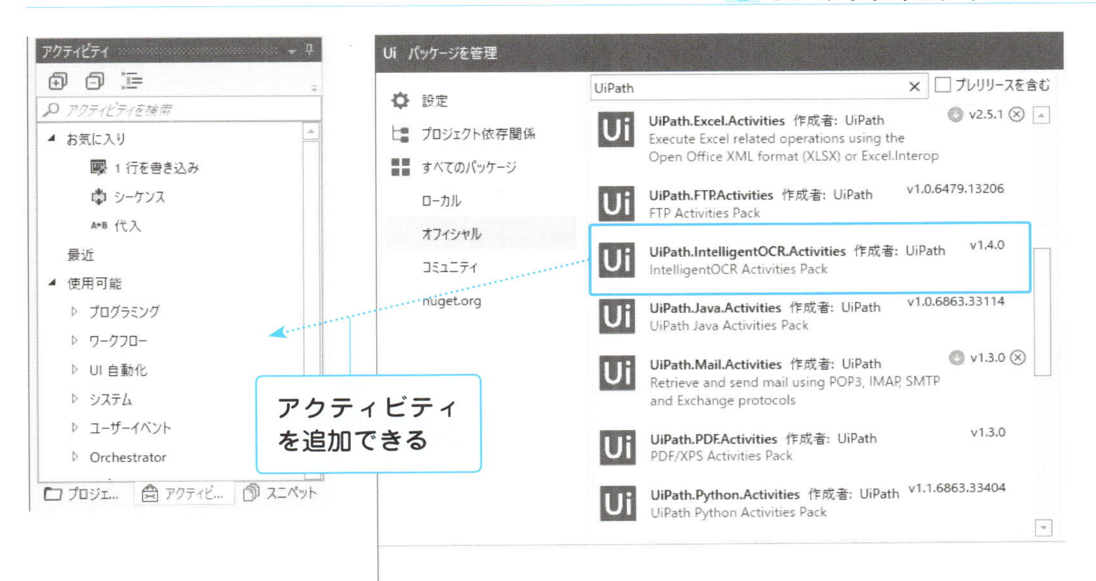

●アクティビティパッケージの種類

アクティビティパッケージは、すでに追加されているものと、そうでないものがあります。追加されてないものは、[パッケージを管理] からプロジェクトにインストールします（157ページを参照）。

❶ Excelアクティビティパッケージ（UiPath.Excel.Activities）

Excelに関連するアクティビティがまとめられたパッケージです。Excelアプリケーションスコープで、対象となるExcelファイルを指定して使用します。

このパッケージで追加されるアクティビティは、アクティビティパネルの [アプリの統合] に格納されるものと、[システム] に格納されるものとがあります。含まれる主なアクティビティは、値の読み取り、書き込み、マクロの実行、数式の抽出、データの並べ替えなどがあります。

- CSVファイルへの追加、読み込み、上書き
- セルへの書き込み、読み込み、数式の読み込み
- 行や列の挿入、削除、読み込み、重複行の削除
- テーブルのフィルタリング、範囲の抽出、並べ替え
- ワークブックを開く、閉じる、保存、シートを取得
- ピボットテーブルの作成、更新
- VBAの呼び出し、マクロの実行
- 範囲を追加、削除、選択、オートフィル、コピー、貼り付け
- 範囲内での検索　など

❷Wordアクティビティパッケージ（UiPath.Word.Activities）

Excelのアクティビティパッケージと類似したパッケージです。

Wordアプリケーションスコープで、対象となるWordファイルを指定して使用します。

このパッケージで追加されるアクティビティは、アクティビティパネルの［アプリの統合］に格納されるものと、［システム］に格納されるものとがあります。

主なアクティビティには、次のようなものがあります。

- **データテーブルを挿入**
- **テキストの読み込み、追加、置換**
- **画像を追加置換　など**

❸メールアクティビティパッケージ（UiPath.Mail.Activities）

メールアクティビティパッケージは、メールに関するアクティビティがまとめられています。SMTP、POP3、IMAPの3つの主要メールプロトコルと、OutlookとExchangeの操作に対応しています。

主なアクティビティには、次のようなものがあります。

- **SMTPを使用したメッセージの送信**
- **POP3を使用したメッセージの取得**
- **IMAPを使用したメッセージの取得、移動**
- **Outlookを使用したメッセージの取得、移動、送信**
- **Exchangeを使用したメッセージの保存、添付ファイルの保存**

❹PDFアクティビティパッケージ（UiPath.PDF.Activities）

PDFアクティビティパッケージには、PDFとXPSファイルからデータを抽出し、文字列変数に格納するためのアクティビティが含まれています。

❺Webアクティビティパッケージ（UiPath.Web.Activities）

Webアクティビティパッケージには、Webに関するアクティビティが含まれています。HttpClientやSoapClientなどの、ウェブAPIを呼び出すためのアクティビティがあります。

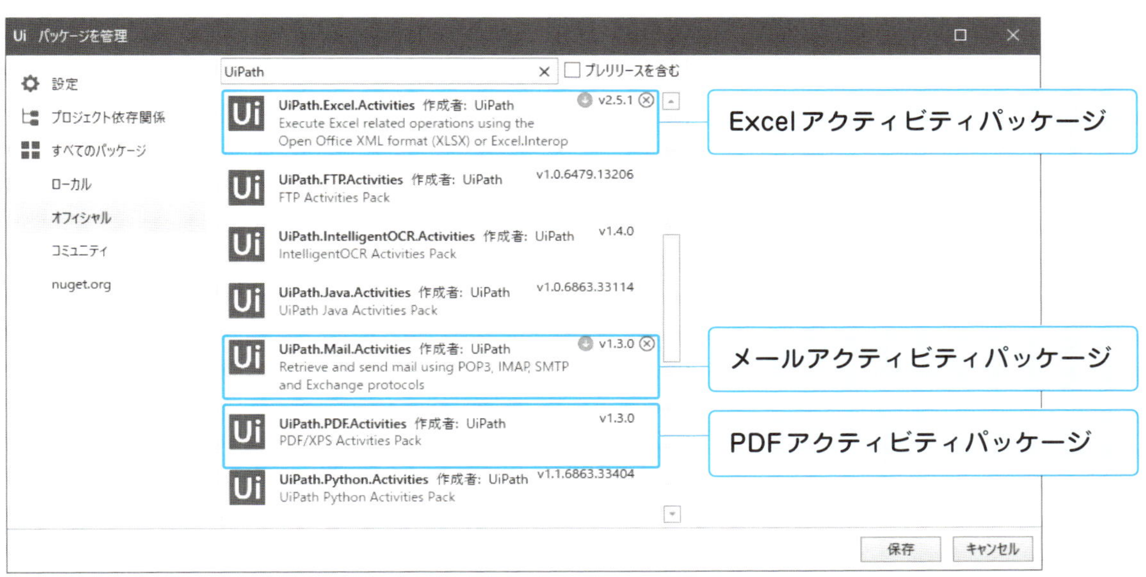

●Wordアクティビティパッケージの追加

Wordアクティビティパッケージを追加してみましょう。まず事前準備として、空のプロセスを作成し、デザイン画面を開いておきます。プロセス名は、「test031」とします。

▼プロジェクトの名前と保存場所

名前	場所	説明
test031	デフォルト値 (C:¥Users¥ユーザー名¥Documents¥UiPath)	Excelのセルに書き込む

❶パッケージ管理画面の呼び出し

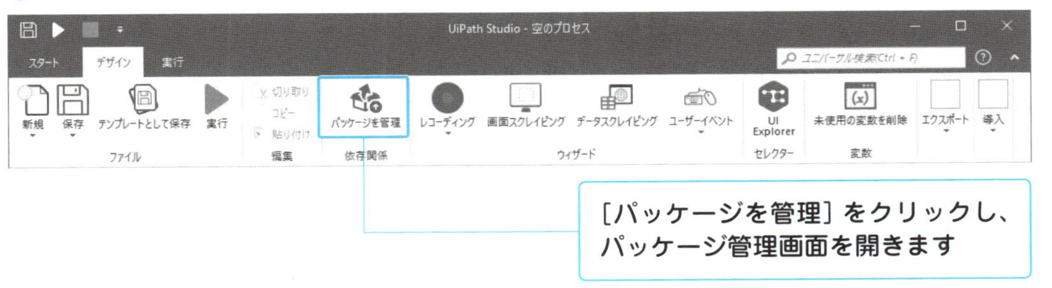

❷アクティビティパッケージを検索する

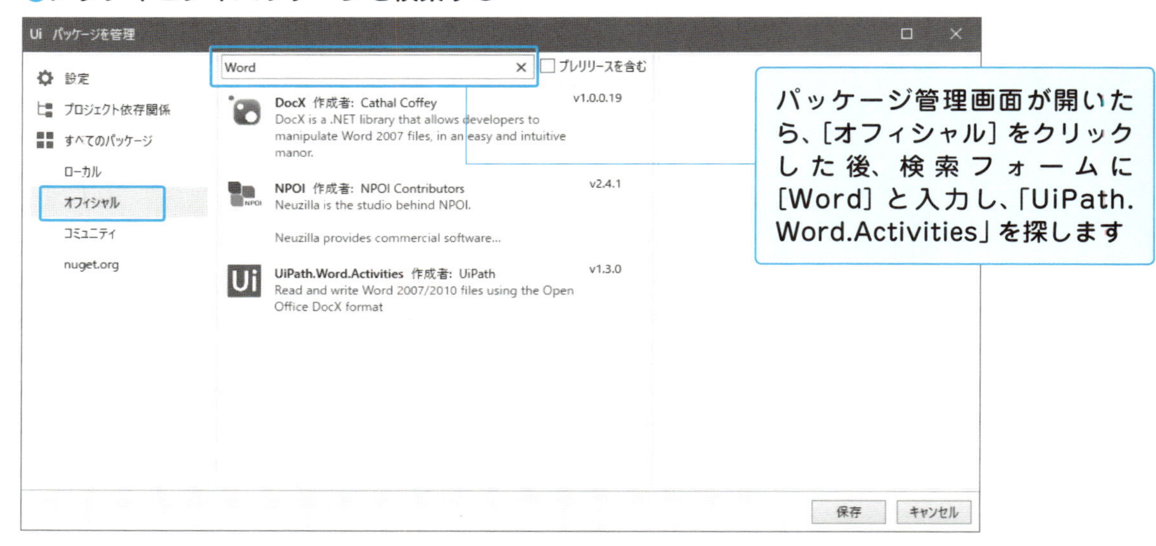

パッケージ管理画面が開いたら、［オフィシャル］をクリックした後、検索フォームに［Word］と入力し、「UiPath.Word.Activities」を探します

❸アクティビティパッケージをインストールする

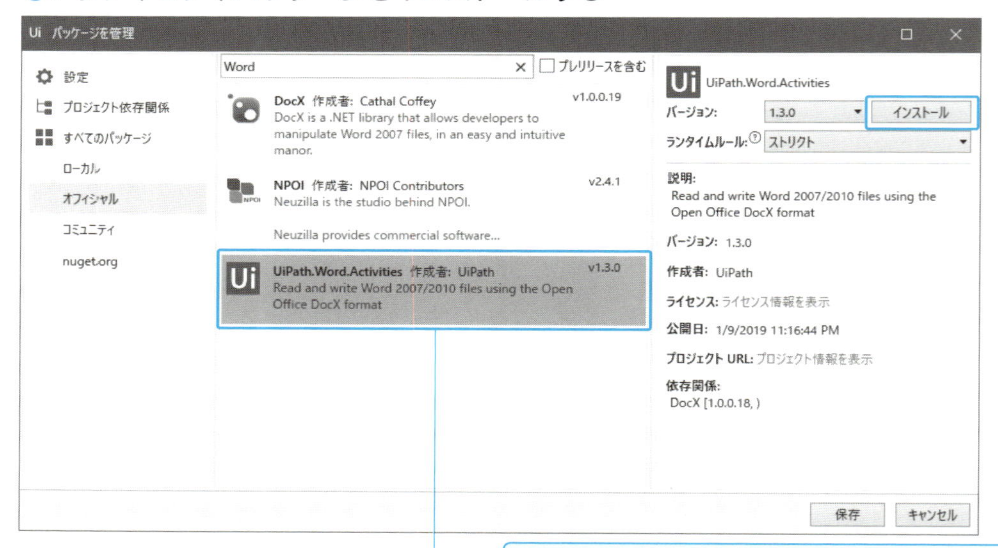

「UiPath.Word.Activities」を見つけたら、クリックして選択し、右カラムに表示される［インストール］をクリックします。インストールが始まります

❹アクティビティパッケージを保存する

インストールが終わったら、[保存] をクリックすると、依存関係のダウンロードが始まります

❺ライセンスに同意する

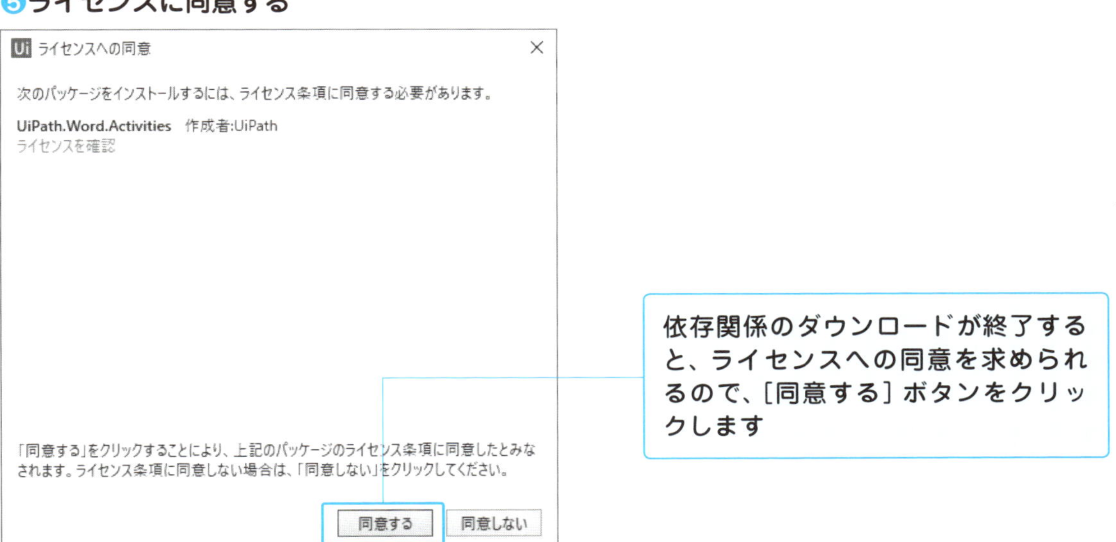

依存関係のダウンロードが終了すると、ライセンスへの同意を求められるので、[同意する] ボタンをクリックします

⑥アクティビティを確認する

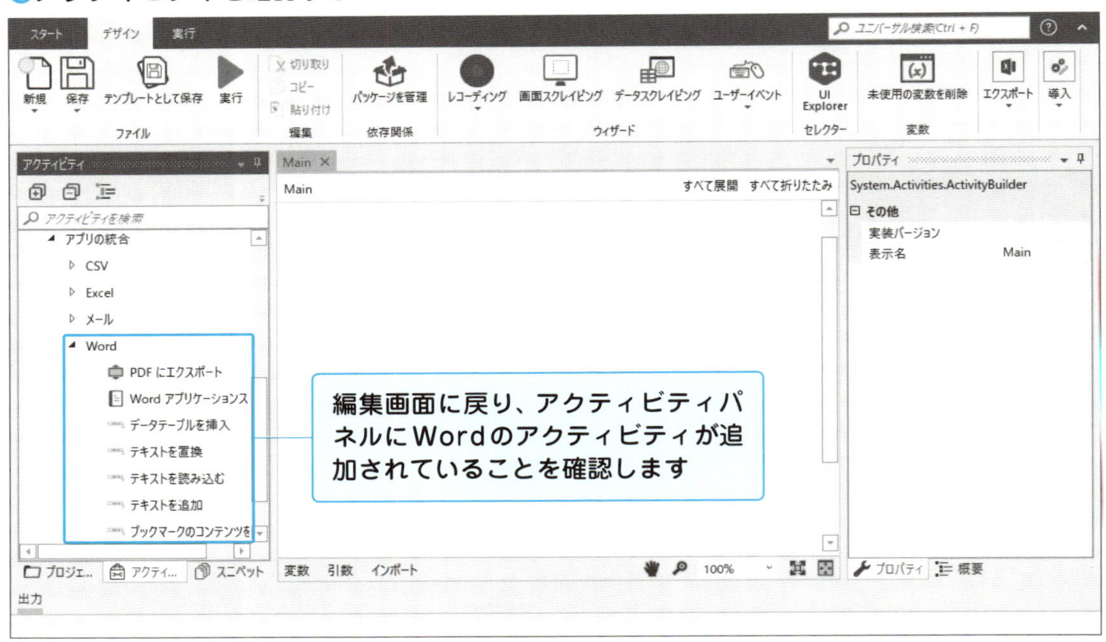

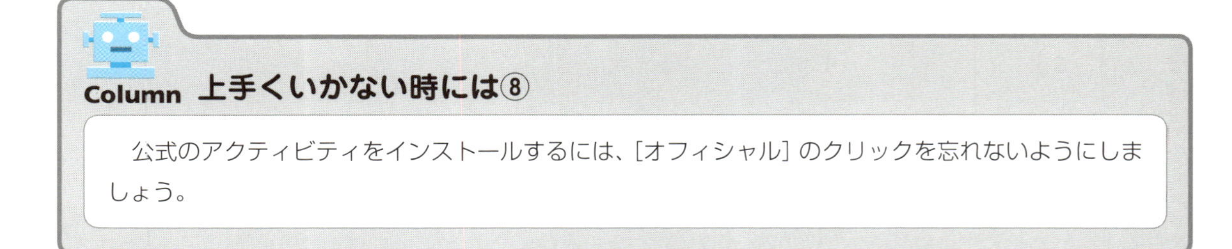

Column 上手くいかない時には⑧

公式のアクティビティをインストールするには、［オフィシャル］のクリックを忘れないようにしましょう。

2 Excelのアクティビティの使用

Excelを操作するワークフローを作成したいです

まずは簡単なものから行ってみましょう！

Excelを操作するには、Excelアプリケーションスコープというものを使用します。これは、対象となるExcelファイルを指定するものです。

●Excelのアクティビティを使う

アクティビティパッケージの最初として、**Excel**のパッケージを使ってみましょう。Excelのパッケージには、セルや行・列への書き込み・読み取り、テーブルの作成、マクロの実行など、様々な操作が含まれます。

なお、アクティビティパッケージを使うにあたり、いくつか注意点があります。

まず、アクティビティパッケージは、プロジェクト単位でインストールされるものなので、新規にプロジェクトを作成した場合には、前のプロジェクトで使用したパッケージは引き継がれません。そのため、再びインストール作業をする必要があります。

ただ、ExcelやPDFなど、一部のパッケージに関しては、あらかじめインストールされていますから安心してください。

また、ExcelとWordに関しては、操作の対象となるファイルをスコープで指定し、その中に操作のアクティビティを入れる必要があります。

●Excelアプリケーションスコープ

Excelを操作するには、アプリの統合＞Excelにある［Excelアプリケーションスコープ］というアクティビティを必ず使用します（以下、本書では**Excelスコープ**と略します）。

このアクティビティは、どのExcelファイルに対して操作を行うのかを指定するものです。セルへの書き込みなど、Excelへ操作を行うアクティビティを使用するには、操作の内容が、何らかのExcelスコープの中に格納されている必要があります。格納されてない場合は、エラー*が表示されて、動きません。

これはWordの場合でも、同じです。Wordにも［Wordアプリケーションスコープ］という類似したアクティビティ（以下、**Wordスコープ**）が用意されています。

ExcelスコープおよびWordスコープは、アクティビティの上部に対象とするファイルへのパスを記述し、下部に実行したい内容を入れます。

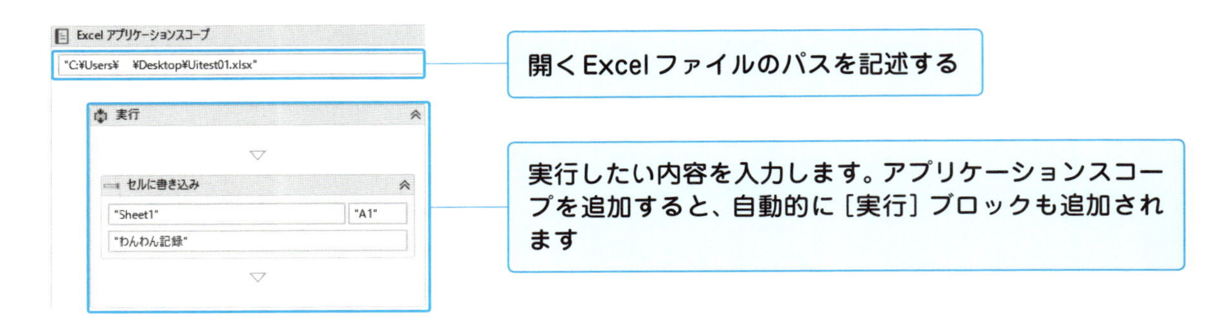

●ファイルのパス

パスは、第4章や第5章でも説明しましたが、コンピューター内のファイルの場所を表す住所のようなものです。エクスプローラでファイルのアイコンを右クリックして［プロパティ］を選択、［セキュリティ］タブに切り替えると「オブジェクト名」に記載されています。

第4章のように、フォルダーを開いて［パスのコピー］でも取得できます。

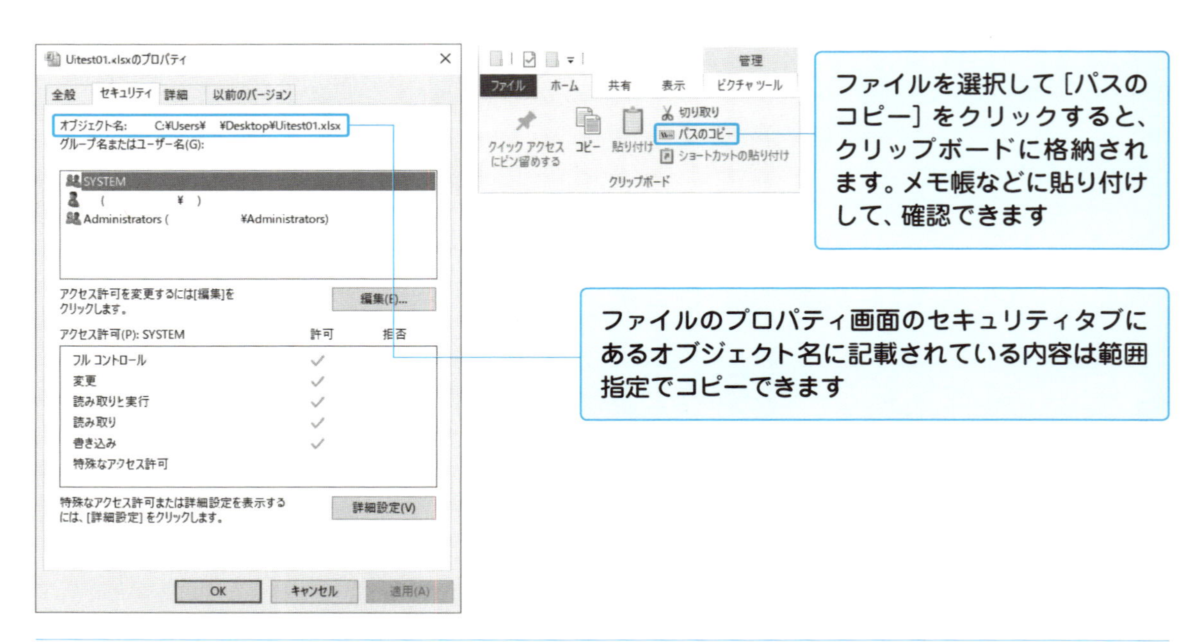

* **エラー**　なお、Wordのスコープの中にExcelのアクティビティを入れたり、その逆もエラーが出て動きません。WordやExcelを行ったり来たりするようなプログラムを組む時には、枠が多くなってしまうので、迷子にならないようにしましょう。

ローカルフォルダーにあるファイルのパスは、ドライブ名、フォルダー名、ファイル名の順で記述されます。共有フォルダにあるファイルのパスは、ファイルサーバー名、フォルダー名、ファイル名の順で記述されます。

ユーザー名は、パソコンによって異なります。パソコンを使う時に、ログイン画面で表示される名前がユーザー名です。

フォルダー名は、デスクトップやドキュメントフォルダーであれば、「¥Desktop」「¥Documents」と表記されます。さらにフォルダーに入っている場合は、「¥Desktop¥tiger」や、「¥Pictures¥lion」のように親にあたるフォルダーから連続で記述されます。

C:¥Users¥chiro¥Desktop¥UiPath.docx

ユーザー名
ログイン画面などでおなじみのユーザー名

フォルダー名
ドキュメントであれば¥Documents、ピクチャの中の lion フォルダーなら¥Picture¥lion

ファイル名
Word ファイルなら .docx、Excel ファイルなら .xlsx という拡張子がつく

ユーザー名、フォルダー名、ファイル名

●概要パネル（アウトラインパネル）の使い方

ExcelやWordに対して操作を行う場合に、アプリケーションスコープが必要になりますが、スコープの中の実行ブロックの中に［操作］のアクティビティを入れるため、どうしても多層の入れ子*状態になってしまいます。あまり入れ子が続くと、関係や階層がわかりづらいですね。

これを上手くさばいていくには、**概要パネル**を使うといいでしょう。概要パネルには、親子関係や変数などがアウトライン表示されるので、どうなっているか一目瞭然です。

概要パネルは、右カラムにあり、普段はプロパティパネルが表示されているので、タブで切り替えて使用します。

* **入れ子**　ブロックの中にブロックが入り込んだ多重構造の状態のこと。

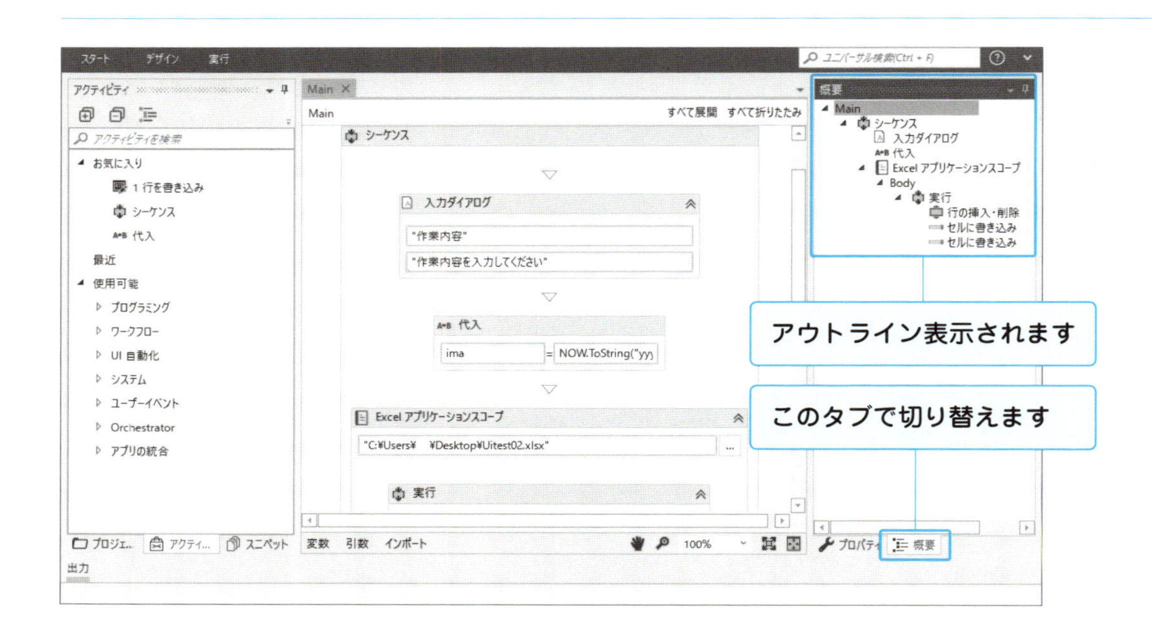

●今回のプログラミング内容

Excelのアクティビティに慣れるために、セルに決まった内容を書き込んで保存するだけの簡単なワークフローを作ってみましょう。

▼やりたいことと実際の操作

やりたいこと	実際の操作
❶Excelを対象とする	➡Excelファイルを指定する
❷セルに書き込む	➡書き込むセルと内容を指定する

▼使用するアクティビティ

Excelアプリケーションスコープ…アプリの統合＞Excel＞テーブル＞Excel アプリケーションスコープ
セルに書き込み（Write Cell）…アプリの統合＞Excel＞テーブル＞セルに書き込み

●ExcelのA1セルに書き込んで保存する

ExcelのA1セルに書き込んで保存してみましょう。事前準備として、6-1節で作成した「test031」のプロジェクトを開いておきます。

▼プロジェクトの名前と保存場所

名前	場所	説明
test031	デフォルト値 (C:¥Users¥ユーザー名¥Documents¥UiPath)	Excelのセルに書き込む

また、空のExcelファイルを事前にデスクトップに作成しておきます。Excelファイル名は「Uitest01.xlsx」とします。

▼ファイル名とパス

ファイル名	パス
Uitest01.xlsx	C:¥Users¥ユーザー名¥Desktop¥Uitest01.xlsx

❶アクティビティをドラッグ&ドロップする

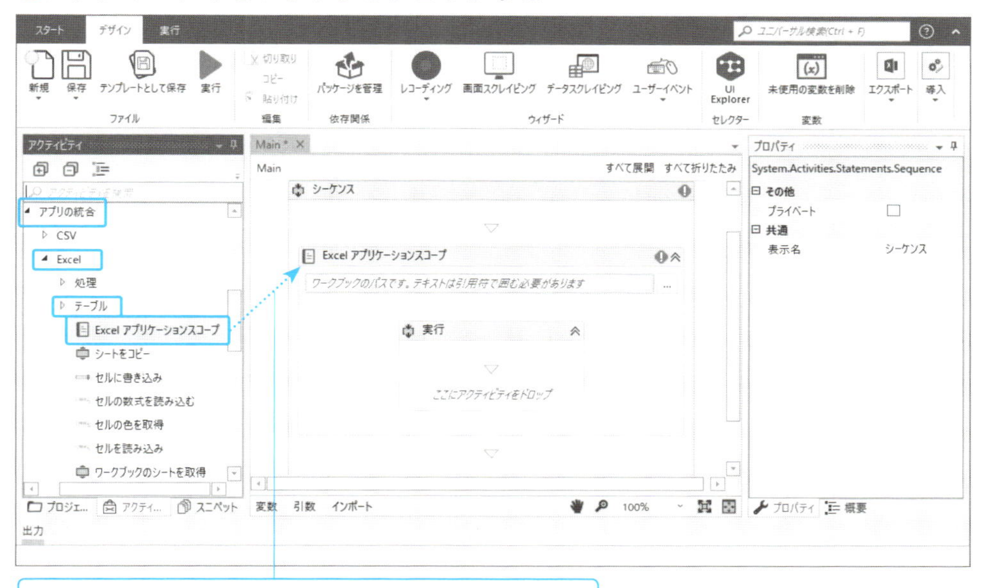

アプリの統合>Excel>テーブルから[Excel アプリケーションスコープ]を選択し、デザイナーパネルにドラッグ&ドロップします

❷ワークブックのパスを指定する

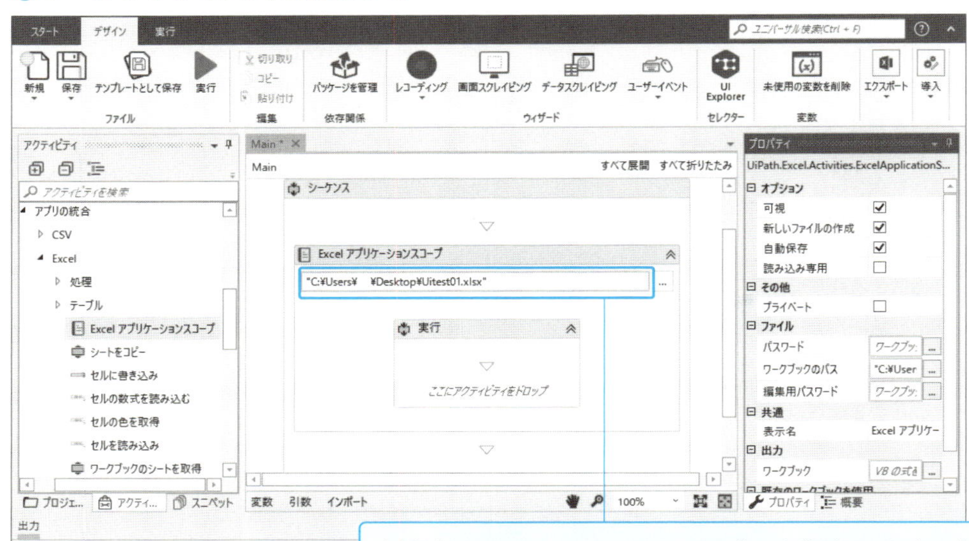

対象となるExcelファイルのパスを指定します。「ワークブックのパスです」と書かれた入力欄(ワークブックのパス)に「"C:¥Users¥ユーザー名¥Desktop¥Uitest01.xlsx"」と入力します(半角英数の「"」でくくるのを忘れないようにしてください)

❸アクティビティをドラッグ&ドロップする

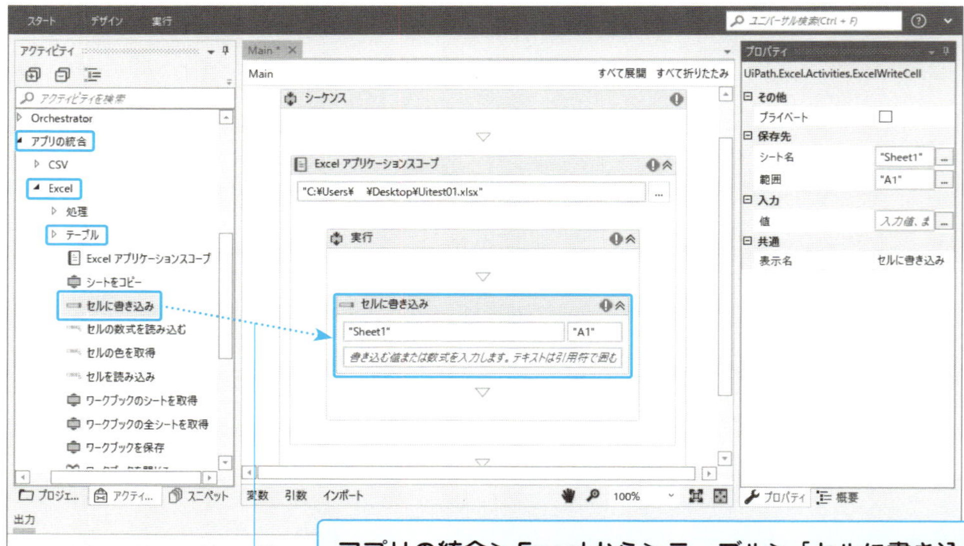

アプリの統合>Excelから>テーブル>[セルに書き込み]を選択し、Excelスコープの[実行]ブロック内にドラッグ&ドロップします

❹書き込む内容を指定する

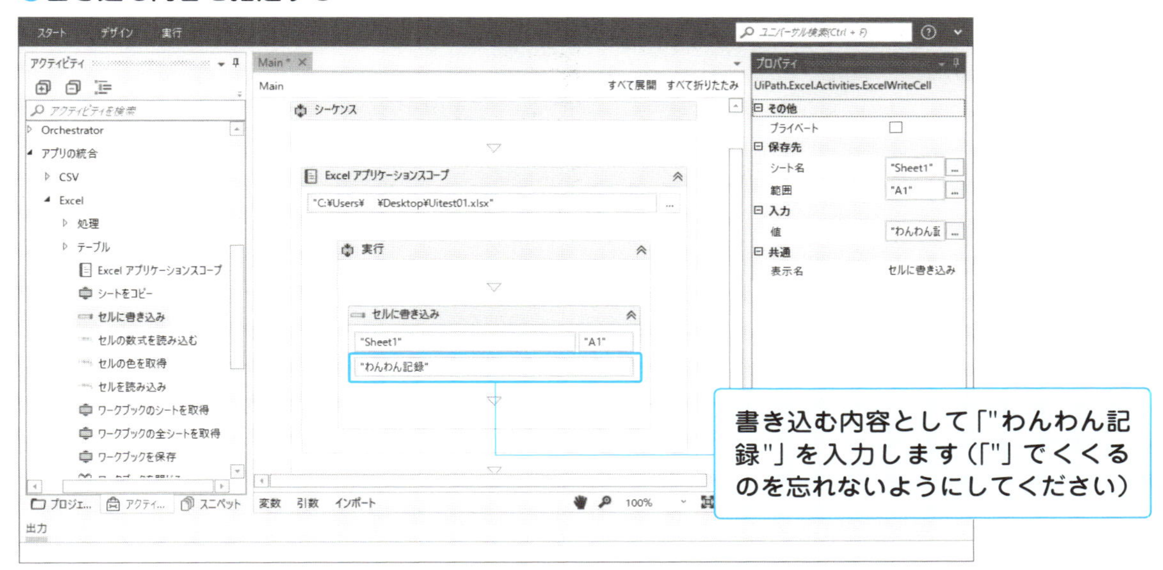

❺ワークフローが完成した

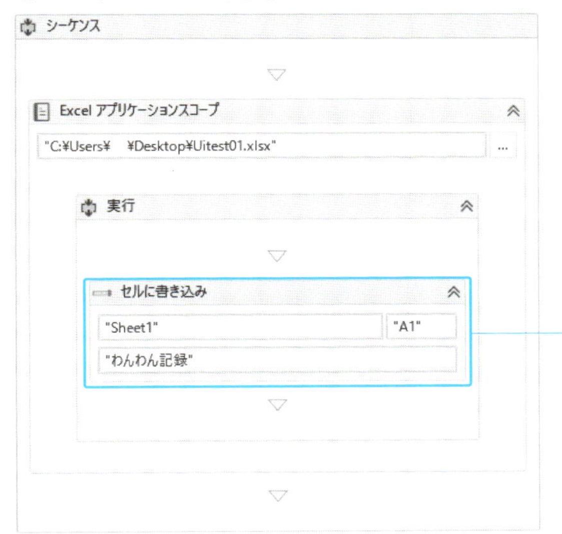

エラーが表示されないこと（次ページのコラムを参照）を確認したら、プロジェクトの完成なので、もう一度ワークフローを見直します

❻プロジェクトを保存する

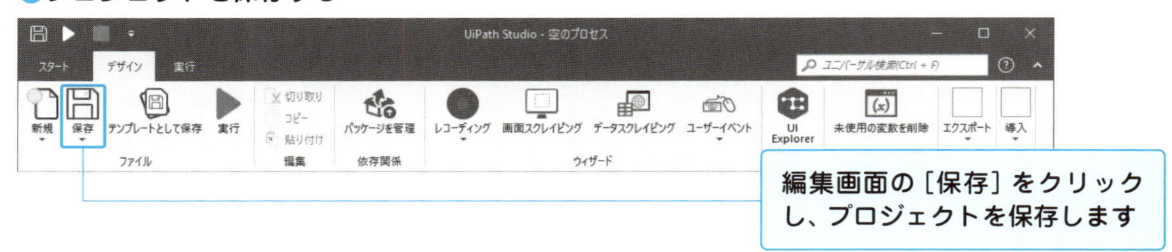

プロジェクトができたら、実行してみましょう。

実行するとExcelに決めた文言が書き込まれます。実行が終わったのを見計らってExcelを開いて確認してみましょう。

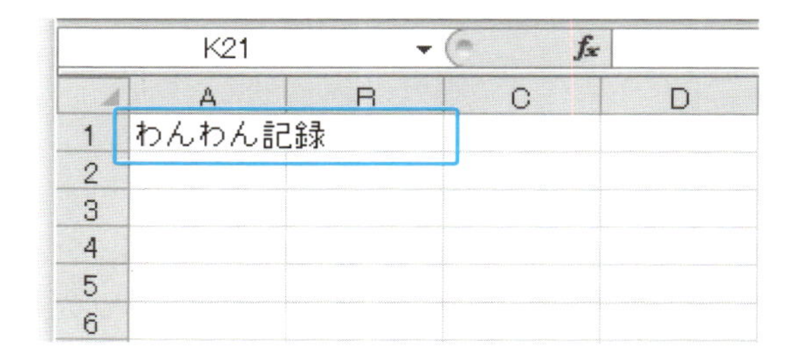

Column 上手くいかない時には⑨

Excelスコープに指定したファイルが見つからないとエラーになります。パスが間違ってないか確認しましょう。Excelファイルを「ドキュメント」フォルダー内ではなく、デスクトップに作成していることを確認してください。

また、Excelでそのファイルを開いていると書き込めないので、Excelは閉じてから実行しましょう。実行は一瞬です。実行されたかどうかは、開いてみないとわかりづらいかもしれません。

3 作業記録プロジェクトの実行

現在の時刻を、簡単に取得できるといいのですが……

現在の時刻を取得するには、DateTime.Nowという機能を使います！

DateTime.Nowという機能を使うと、簡単に現在時刻を取得できます。また、代入を使うと、スムーズにプログラムが組めます。

●現在の時刻を取得する

いよいよ少し難しいプロジェクトを作成します。現在の時刻を取得して、その時刻を記録するプロジェクトを作ることにしましょう。

現在の時刻を取得するには、**DateTime.Now**というシステム変数を使います。

今回のプロジェクトでは、このシステム変数を使って「DateTime.Now.ToString("yyyy/MM/dd hh:mm:ss")」と書きます。

難しい説明は省きますが、取得した時刻を「年月日 時刻」の形にするのがこの式です。「yyyy/MM/dd」の部分は「年月日」を、「hh:mm:ss」の部分は「時刻」を表しています。そのため、もし年をなくしたい場合は「MM/dd」、秒をなくしたい場合は「hh:mm」と表記すれば、カスタマイズできます。

DateTime.Now.ToString("yyyy/MM/dd hh:mm:ss")

時刻を所得する機能　年月日　時刻

yyyy/MM/dd を MM/dd と表記したら、月日のみとなる
同じように、秒をなくしたい場合は、hh:mm とする

年月日時の表示

●代入

もう1つ、新しい概念として**代入**を使用します。プログラムで何かの値を扱う場合に、その値が複雑かつ冗長で扱いにくいこともあります。その場合、特定の変数にすべてを入れてしまうと使いやすくなります。これが代入です。

簡単に言えば、「今日、東京でフレディ・マーキュリーとブライアン・メイとロジャー・テイラーとジョン・ディーコンを見たよ」というと長いですが、「今日、東京で、Queenのメンバーを見たよ」であれば、短くなります。これは4人の名前をバンド名に代入しているのです。

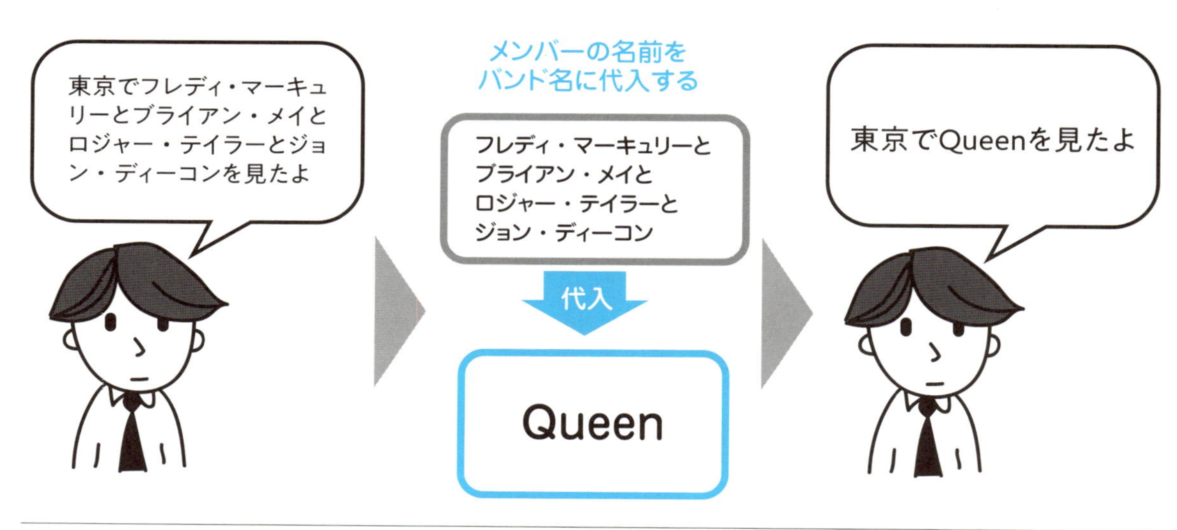

代入すると

●今回のプログラミング内容

作業記録プログラムを作成します。作業内容を問う入力ダイアログを表示し、ユーザーが答えると、回答した時刻とともに入力した作業内容をExcelに記録します。 時刻は自動的に取得します。

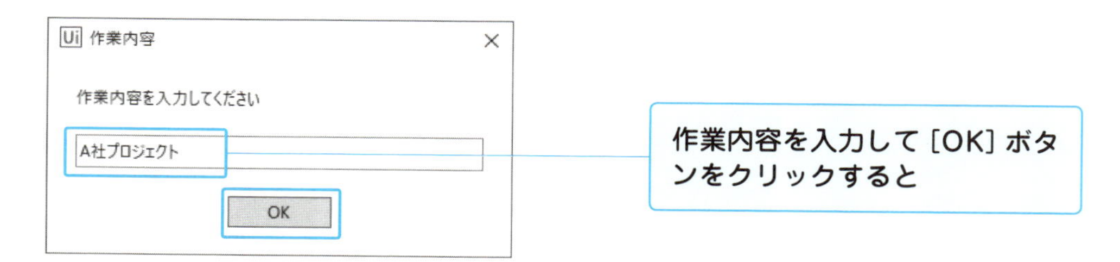

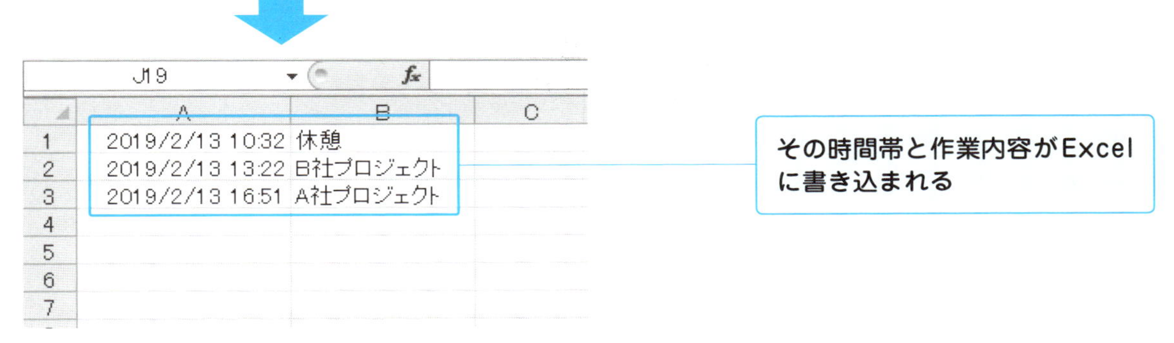

▼やりたいことと実際の操作

やりたいこと	実際の操作
❶作業内容を聞く	➡入力ダイアログを出す
❷時刻を記録する	➡回答時刻を取得する
❸Excelに書き込む	➡Excelに書き込む

●変数の設定と代入アクティビティ

取得した作業内容と時刻は、扱いやすいように**変数**に入れます。入力ダイアログに入れた値は、いつも通りプロパティの出力で変数「sagyou」を設定します。

▼入力ダイアログに設定する内容（作業内容）

項目	入力内容
タイトル	"作業内容"
ラベル	"作業内容を入力してください"
出力	sagyou

時刻は、アクティビティパネルに［代入］アクティビティが用意されているので、そちらを使用します。［代入］アクティビティは、アクティビティパネルの［使用可能］>［ワークフロー］>［制御］の下にあります。

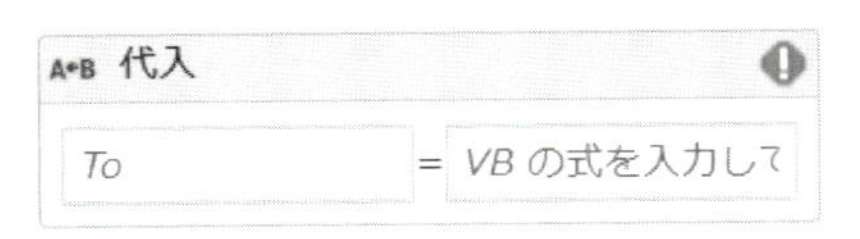

[代入] アクティビティは、左辺 (To) に変数、右辺 (value) に時刻を取得する式を入れます。

▼入力ダイアログに設定する内容 (時刻)

項目	入力内容
To	ima
VBの式	DateTime.Now.ToString("yyyy/MM/dd hh:mm:ss")

●行の挿入

変数に入れたら、それぞれA1セルとB1セルに書き込むようにします。

一見、これで良いように見えますが、このままでは、「毎回書き込むセルがA1とB1」になっています。つまり、入力するたびに、同じセルに上書きする仕様になってしまっているのです。

これを避けるために、書き込む前に1行目に行を挿入し、書き込む行を作ってやることにします。

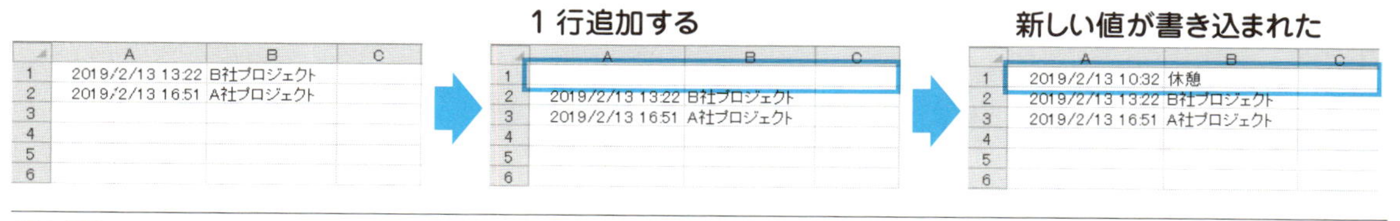

行の挿入

行の挿入には、[行の挿入・削除] アクティビティを使います。[行の挿入・削除] アクティビティは、アクティビティパネルの [使用可能] > [アプリの連携] > [Excel] > [処理] の下にあります。

●プログラムの流れ

この流れをまとめると、次ページの図のようになります。実際には、並行して処理するのではなく、順番に1つずつ処理しますが、なんとなくイメージはわいてきたでしょうか。

作業内容

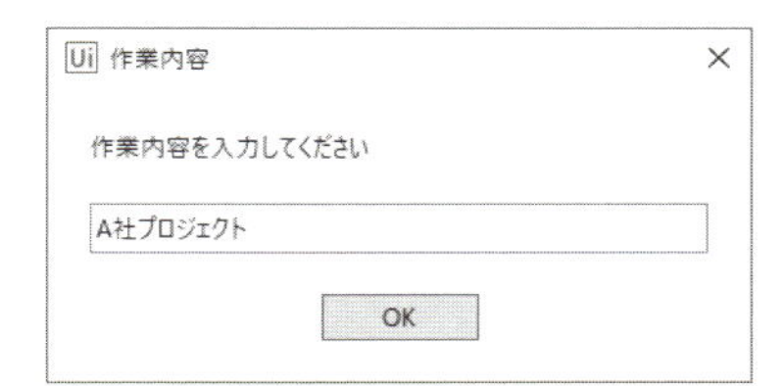

DateTime.Now.ToString("yyyy/MM/dd hh:mm:ss")

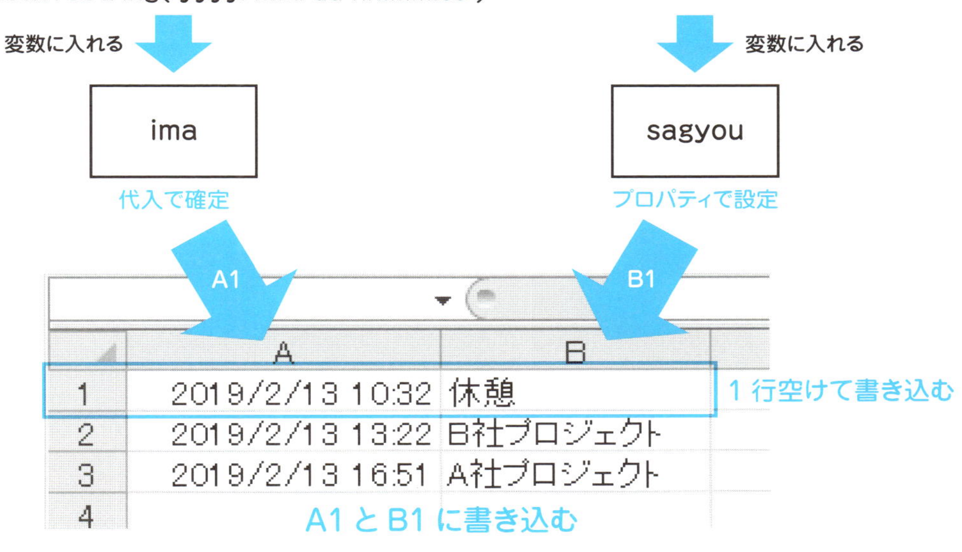

プログラムの流れ

使用するアクティビティ

入力ダイアログ（Input Dialog）…システム＞ダイアログ＞入力ダイアログ
代入（Assign）…ワークフロー＞制御＞代入
Excelアプリケーションスコープ…アプリの統合＞Excel＞Excelアプリケーションスコープ
行の挿入・削除（Insert/Delete Rows）…アプリの統合＞Excel＞処理＞行の挿入・削除
セルに書き込み（Write Cell）…アプリの統合＞Excel＞セルに書き込み

●作業記録プロジェクトを作る

それでは、作業記録プロジェクトを作ってみましょう。事前準備として、空のプロセスを作成し、編集画面を開いておきます。プロセス名は、「test032」とします。

▼プロジェクトの名前と保存場所

名前	場所	説明
test032	デフォルト値 (C:¥Users¥ユーザー名¥Documents¥UiPath)	作業記録

また、空のExcelファイルを事前にデスクトップに作成しておきます。Excelファイル名は「Uitest02.xlsx」にします。

▼ファイル名とパス

ファイル名	パス
Uitest02.xlsx	C:¥Users¥ユーザー名¥Desktop¥Uitest02.xlsx

❶入力ダイアログを設定する

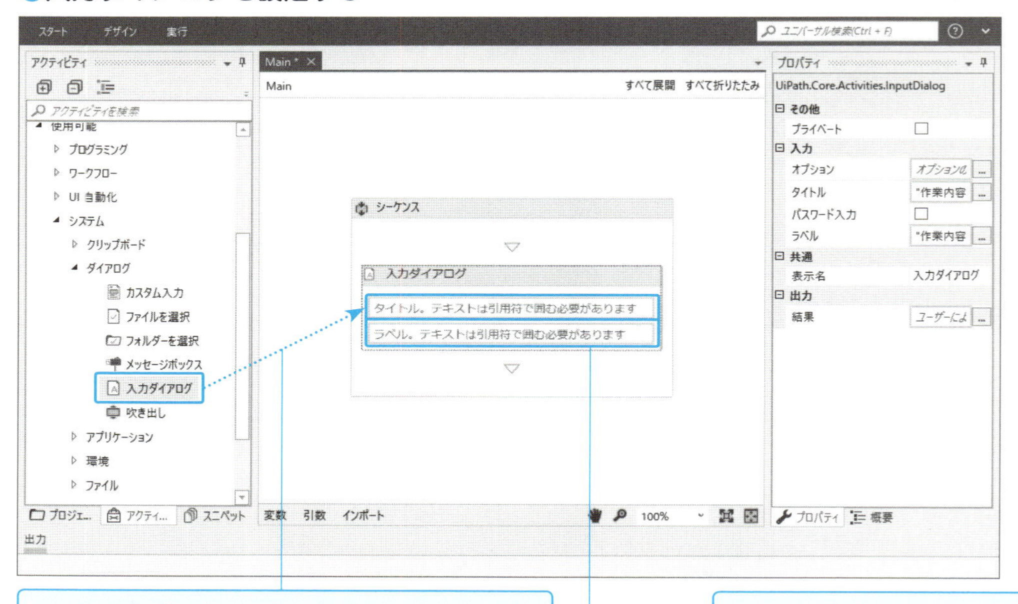

❶ システム＞ダイアログにある［入力ダイアログ］をドラッグ&ドロップし、［タイトル］に「"作業内容"」と入力します（「"」を忘れないようにしてください）

❷ ［ラベル］に「"作業内容を入力してください"」と入力します

❷作業内容の変数を作成する

❸代入の追加と設定

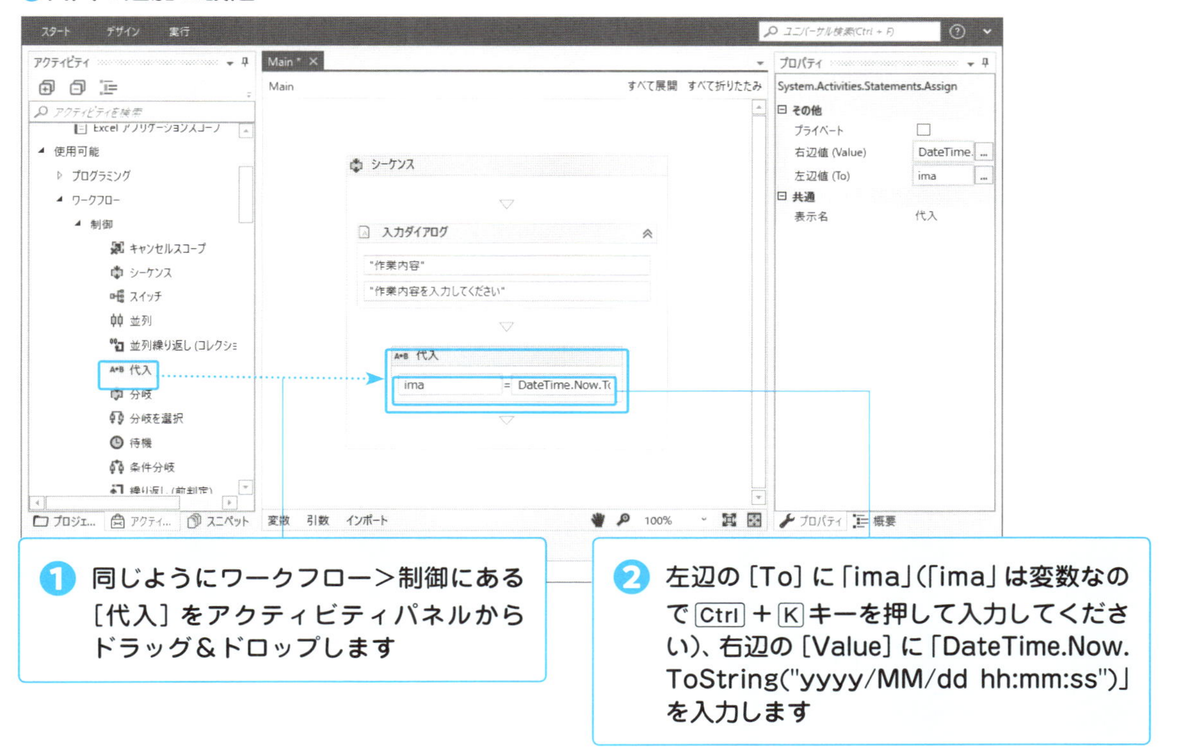

❶ 同じようにワークフロー＞制御にある［代入］をアクティビティパネルからドラッグ＆ドロップします
❷ 左辺の［To］に「ima」（「ima」は変数なのでCtrl＋Kキーを押して入力してください）、右辺の［Value］に「DateTime.Now.ToString("yyyy/MM/dd hh:mm:ss")」を入力します
System.Activities.Statements.Assign

❹変数のスコープを確認する

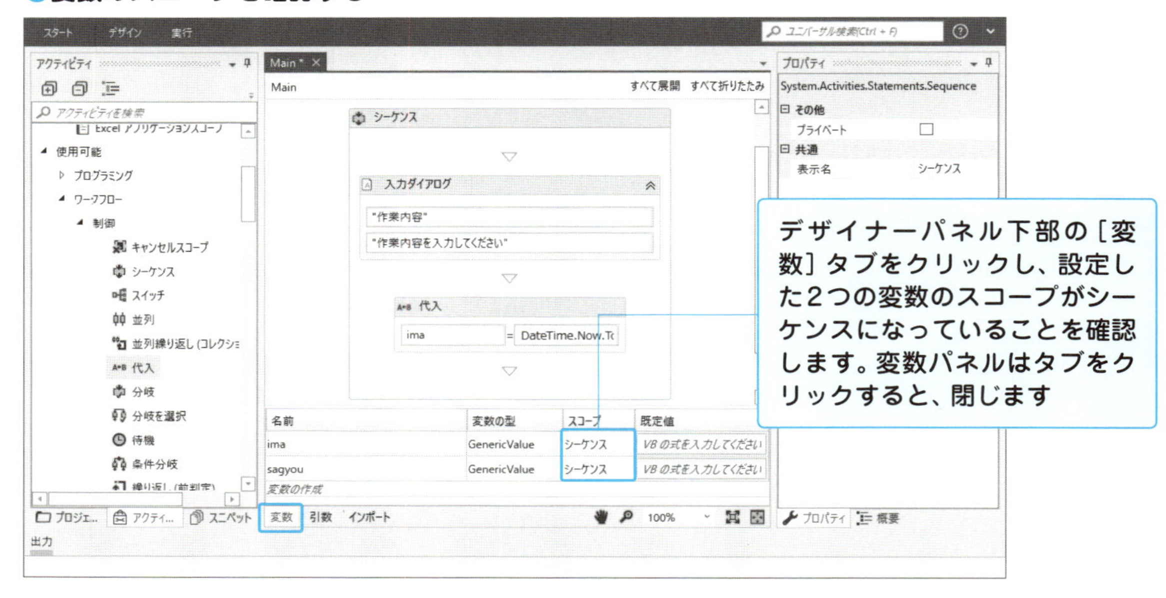

デザイナーパネル下部の［変数］タブをクリックし、設定した2つの変数のスコープがシーケンスになっていることを確認します。変数パネルはタブをクリックすると、閉じます

❺アクティビティをドラッグ＆ドロップする

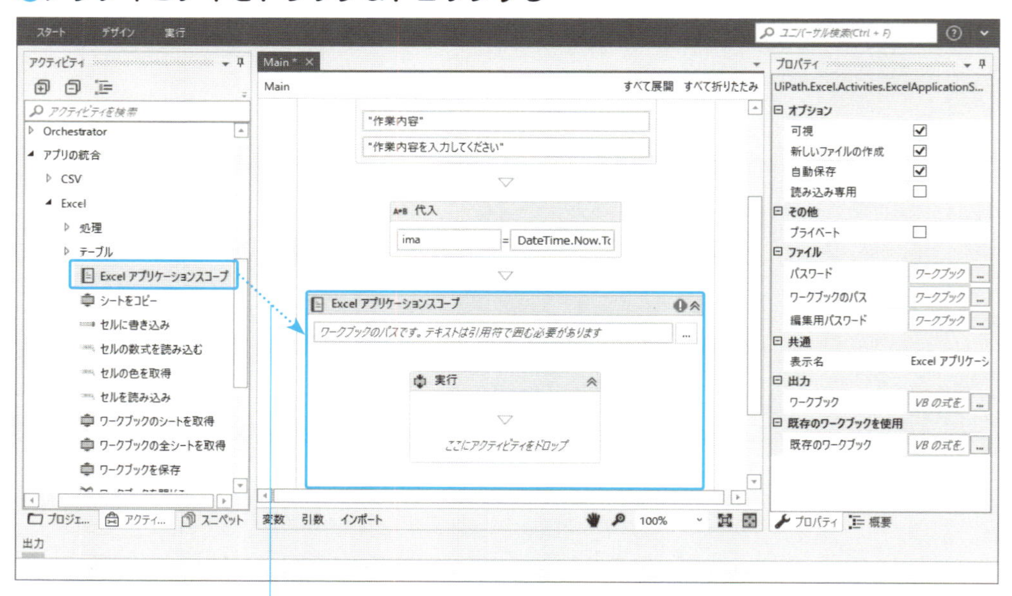

アプリの連携＞Excelにある［Excelアプリケーションスコープ］をデザイナーパネルの［代入］アクティビティの下にドラッグ＆ドロップします

⑥ワークブックのパスを指定する

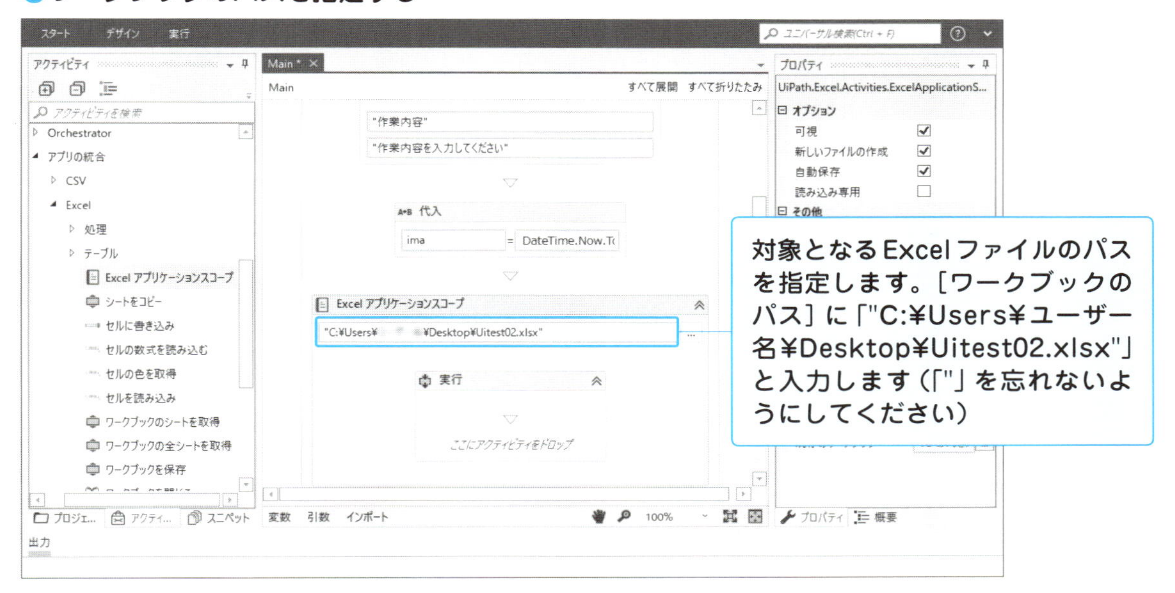

対象となるExcelファイルのパスを指定します。［ワークブックのパス］に「"C:¥Users¥ユーザー名¥Desktop¥Uitest02.xlsx"」と入力します（「"」を忘れないようにしてください）

⑦アクティビティをドラッグ&ドロップする

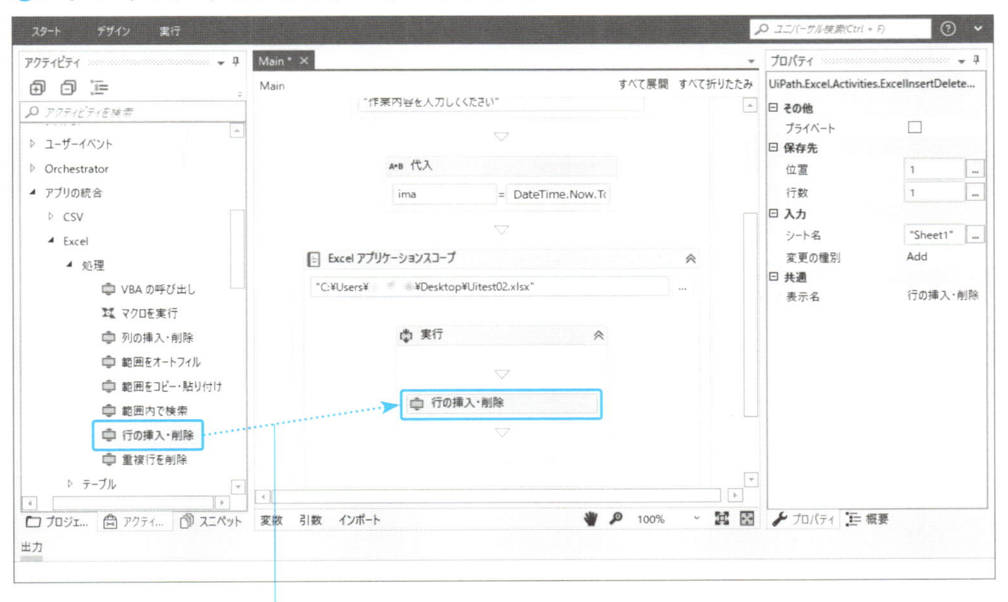

アプリの連携＞Excel＞処理にある［行の挿入・削除］を［実行］ブロック内にドラッグ&ドロップします

❽アクティビティをドラッグ＆ドロップする

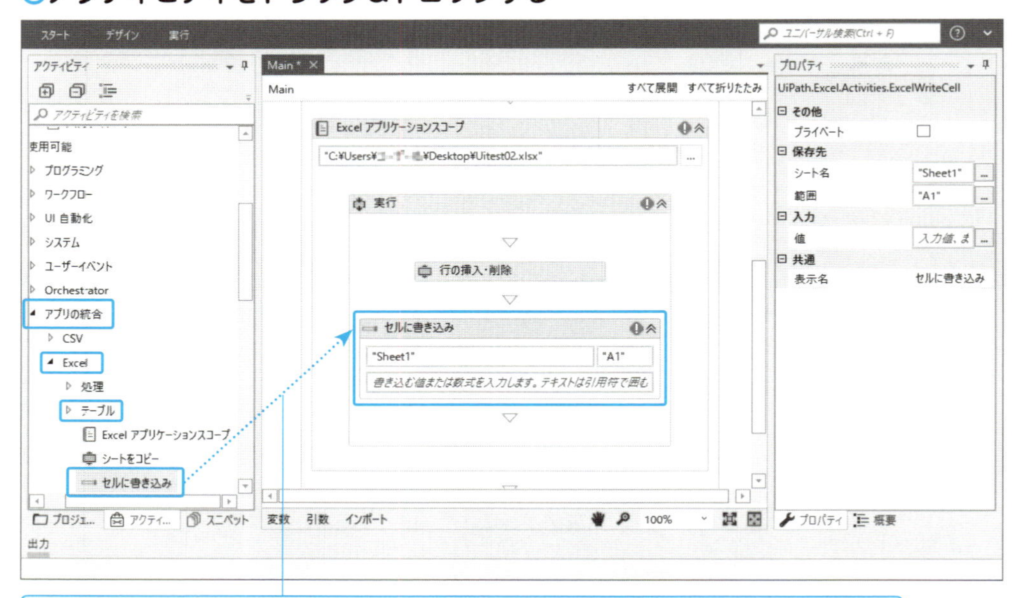

アプリの連携＞Excel＞テーブルにある［セルに書き込み］を選択し、［実行］ブロック内の［行の挿入・削除］の下にドラッグ＆ドロップします

❾A1 セルへの書き込み

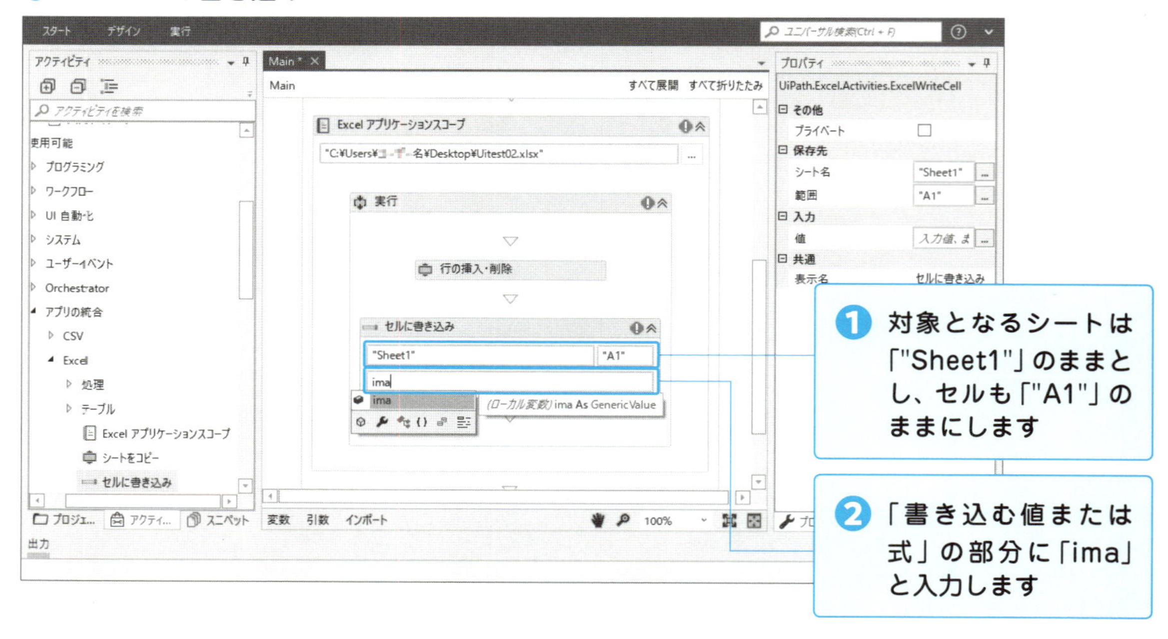

❶ 対象となるシートは「"Sheet1"」のままとし、セルも「"A1"」のままにします

❷ 「書き込む値または式」の部分に「ima」と入力します

⑩ B1セルへの書き込みを設定する

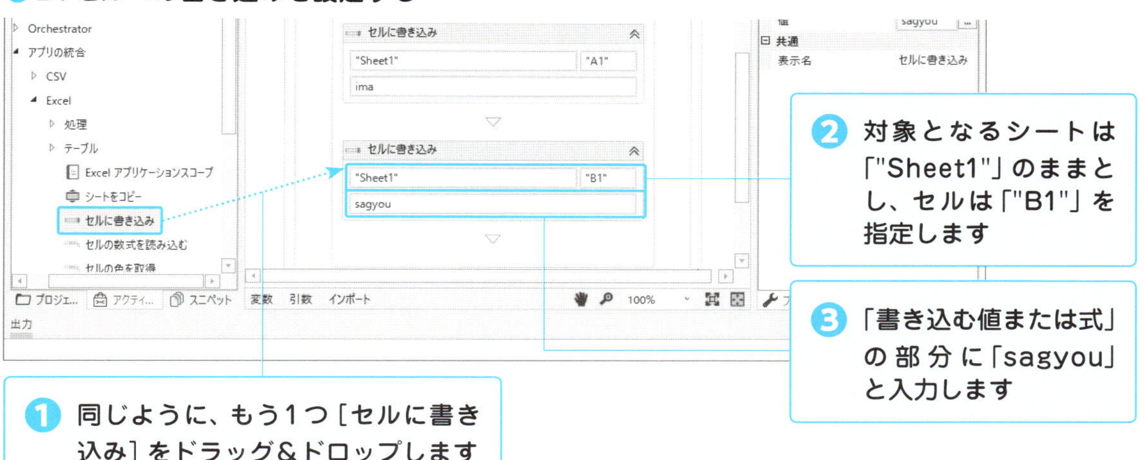

❶ 同じように、もう1つ［セルに書き込み］をドラッグ&ドロップします

❷ 対象となるシートは「"Sheet1"」のままとし、セルは「"B1"」を指定します

❸ 「書き込む値または式」の部分に「sagyou」と入力します

⑪ プロジェクトが完成した

エラーが表示されていないこと（次ページのコラムを参照）を確認したら、プロジェクトの完成なので、もう一度、ワークフローを見直します

⑫プロジェクトを保存する

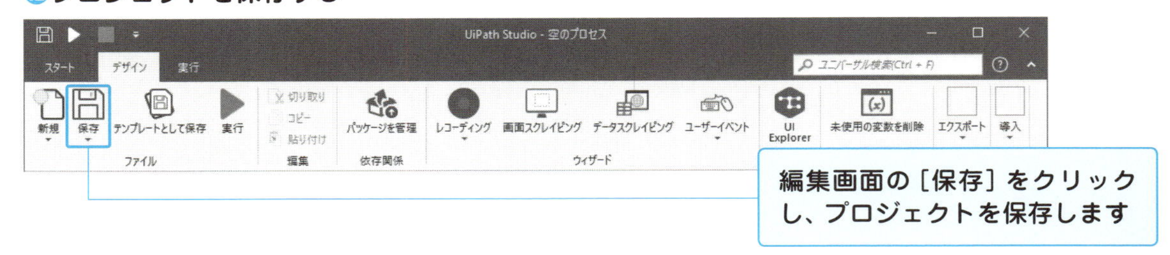

プロジェクトができたら、実行してみましょう。

プロジェクトを実行すると作業内容を尋ねるダイアログが表示されます。そのダイアログに作業内容を入力し、[OK] ボタンをクリックすると、入力した時間帯と作業内容がExcelファイルに書き込まれます。

いくつか実験をした後、Excelファイルを開いて書き込みが成功しているか確認してみましょう*。

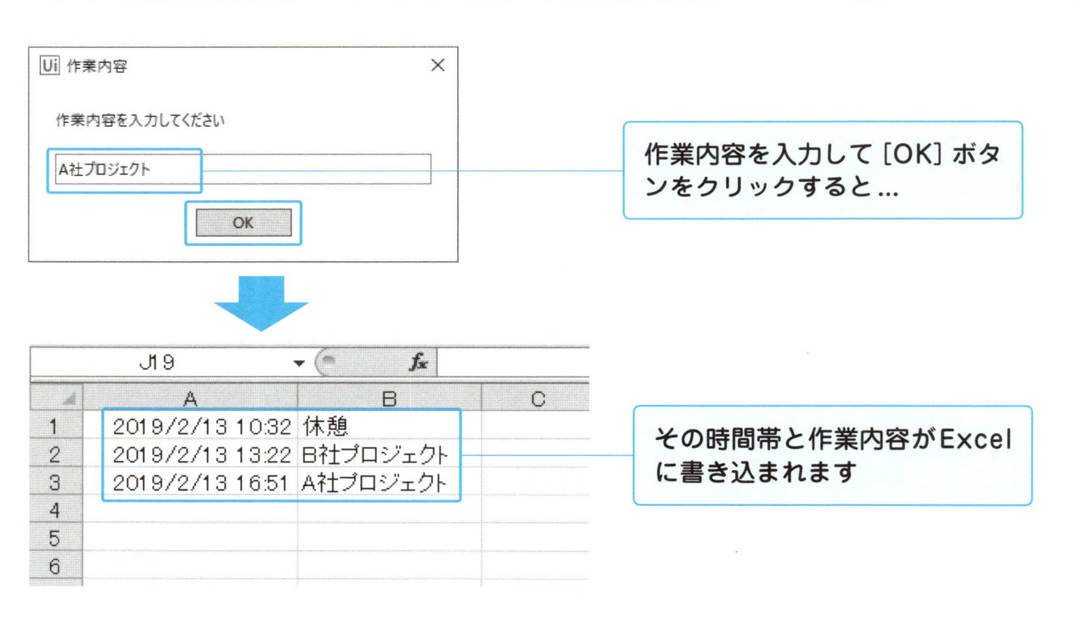

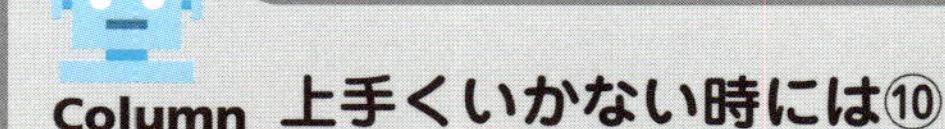

Column 上手くいかない時には⑩

Excelのファイル名や場所に間違いがないか確認しましょう。また、Excelを閉じた状態で実行してください。

さらに、「"」(ダブルクォーテーション) の抜けがないか確認してください。「DateTime.Now.ToString("yyyy/MM/dd hh:mm:ss")」は、大文字と小文字を区別します。また「w」と「T」の間のピリオドの前後には、空白を入れてはいけません。

* **確認してみましょう**　実行は一瞬です。成功しているかどうかは、開いて確認します。

Chapter 7

UiPathで自社の仕事を改革しよう

1 パブリッシュの実行

実行するたびに、UiPath Studioを立ち上げるので手間がかかります

パブリッシュを使ってみましょう！

パブリッシュ機能を使うと、UiPath Studioを起動しなくてもプロジェクトが実行できるようになります。

●パブリッシュとは

プロジェクトを実行するのに、毎回UiPath Studioを起動するのは、少し手間がかかります。そこで、**パブリッシュ**して、UiPath Studioを起動せずにプロジェクトを実行する方法を試してみましょう。

パブリッシュとは、「発行する」という意味の言葉です。開発したものを実行するのに適した状態にすることを言います。

パブリッシュすると、ワークフローパッケージが作成され、**UiPath Robot**のみで実行できるようになります。

●パブリッシュする

パブリッシュするのは、どのプロジェクトでもよいのですが、複雑でないもののほうが確認しやすいでしょうから、6-2節で作成した「test031」をパブリッシュしてみましょう。

事前準備として、6-2節で作成した「test031」のプロジェクトを開いておきます。

▼プロジェクトの名前と保存場所

名前	場所	説明
test031	デフォルト値 (C:¥Users¥ユーザー名¥Documents¥UiPath)	Excelのセルに書き込む

❶パブリッシュを選択する

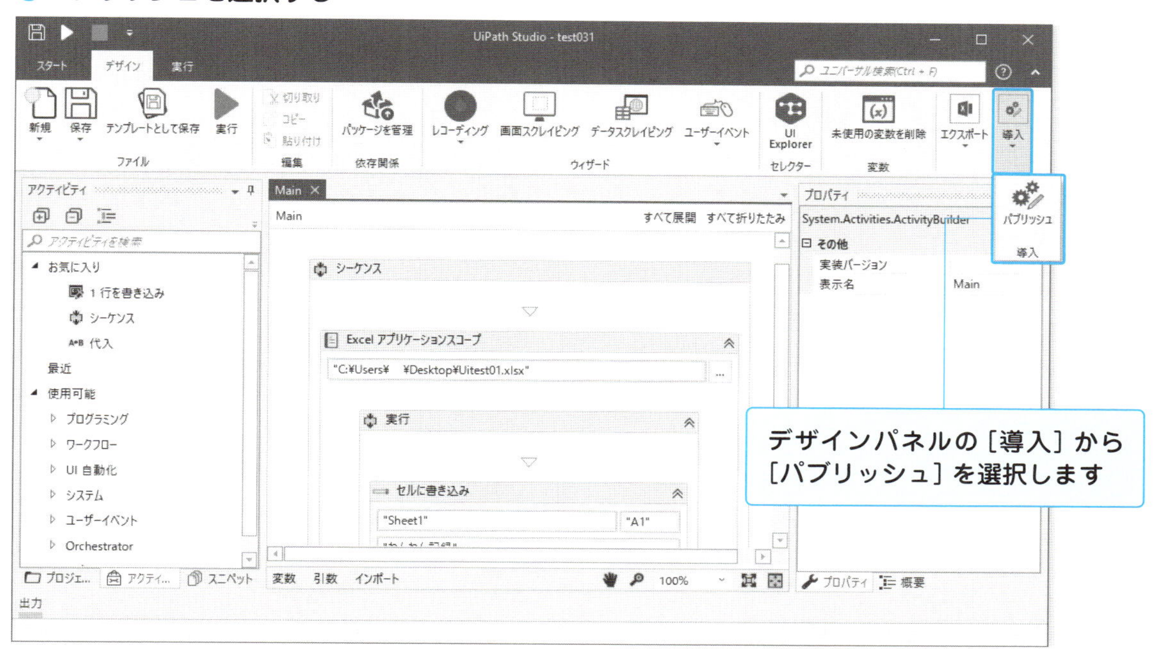

デザインパネルの［導入］から［パブリッシュ］を選択します

❷パブリッシュする

パブリッシュウィンドウが開くので、［パブリッシュ］ボタンをクリックします

❸パブリッシュが成功する

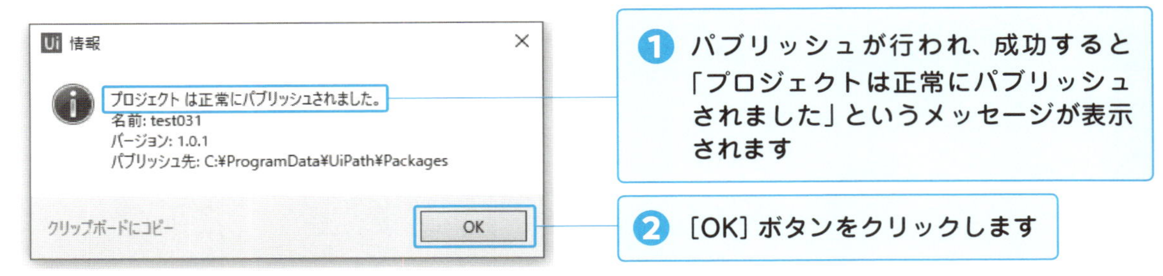

❶ パブリッシュが行われ、成功すると「プロジェクトは正常にパブリッシュされました」というメッセージが表示されます

これでパブリッシュの成功です。次は実際にパブリッシュしたものを実行してみましょう。

確認のため、UiPath Studioを終了してください。

●パブリッシュしたパッケージを実行する

パブリッシュしたパッケージを実行してみましょう。事前準備として、UiPath Studioを終了しておきます。

また、実行が確認できるように、書き込み先のExcelファイルを白紙状態にしておきます。対象のExcelファイルが開いていると失敗するので、こちらも閉じておきます。

❶UiPath Robotを起動する

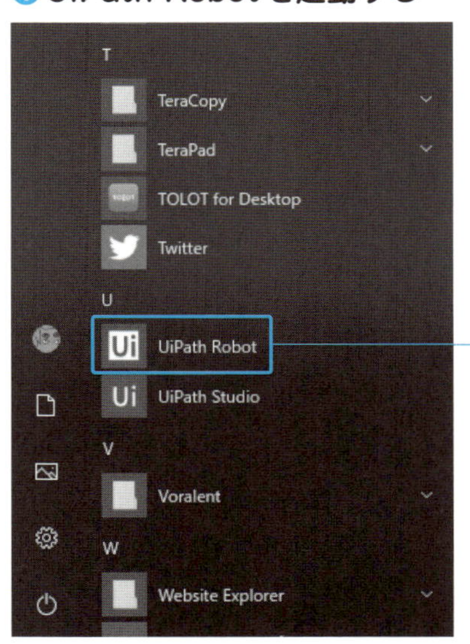

❷UiPath Robot ウィンドウを開く

ウィンドウ右下のタスクトレイに、UiPath Robotのアイコンが表示されるので、クリックしてウィンドウを開きます

❸パッケージをダウンロードする

UiPath Robotウィンドウが開くと、使用できるワークフローのパッケージの一覧が表示されています。実行したいパッケージの右側に[ダウンロード]ボタンが表示されるので、クリックしてダウンロードします

❹パッケージを実行する

ダウンロードが終了すると、[実行]ボタンが表示されるので、クリックして実行します

❺処理が実行される

処理が実行されると「ジョブは処理を開始しました」というメッセージが表示されます。メッセージが消えたら処理が終了しているので、無事に実行されたかどうかを確認します

処理が終了したら、確認してみましょう。書き込めていたら、成功です。

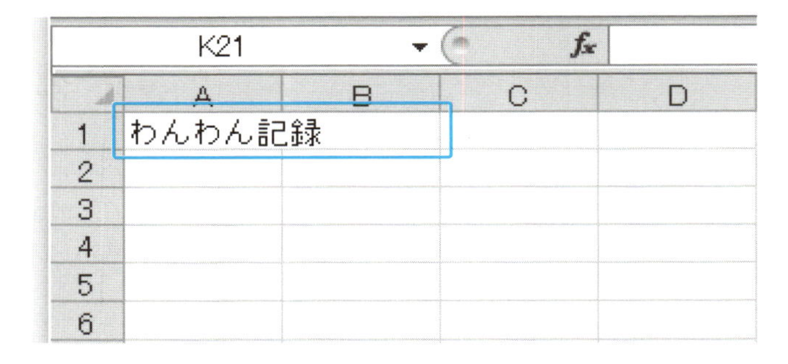

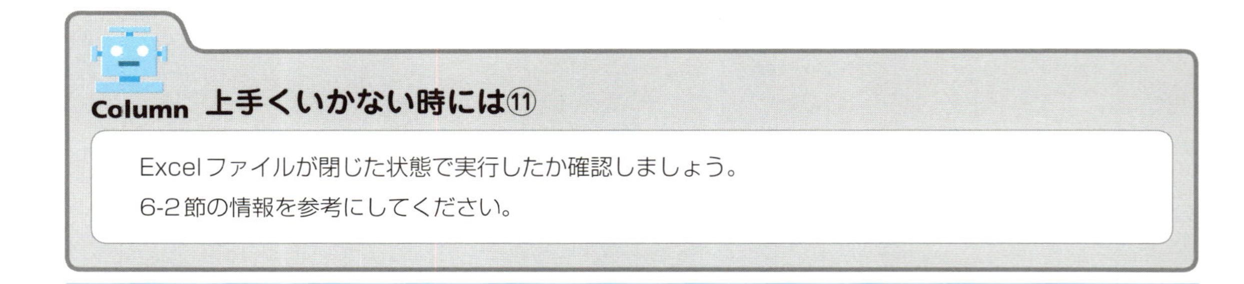

Column 上手くいかない時には⑪

Excelファイルが閉じた状態で実行したか確認しましょう。
6-2節の情報を参考にしてください。

2 仕事をUiPathで自動化する

UiPathを自社の仕事に取り入れるには、どうしたらよいでしょうか？

まずは、業務を見える化することが大切ですよ！

基礎を身につけたところで、いざ自分の会社に取り入れようとすると、上手くいかない人もいるかもしれません。どのように取り入れるのか、ここでは考えていきます。

●業務にRPAを取り込もう

これで一通りの基礎は学習しましたが、いかがだったでしょうか。

UiPathの使い方のほかに、プログラミングの基礎も知らなければならないので、プログラマでない人は少し戸惑ったかもしれませんね。しかし、本書で行ったプロジェクトをいくつか真似して作っていくうちに、そのあたりも身についていくと思うので、ぜひチャレンジしてみてください。

それでは、基本が身についたところで実践です。どのように自分の仕事をUiPathに任せていけばいいのかを考えてみましょう。

本書を一通り読んでいただいたことで、UiPathの得意とすることや、できること、できないことが、見えてきたと思います。業務の中にRPAを取り込むコツは いくつかありますが、これらの得意・不得意なことを意識して任せることを考えるのが大前提です。

こうした便利なものがあるとツールに振り回され、そのツールを使うことが目的となってしまう人がいます。本来、ツールを使うのは自分の仕事を楽にするためなのでそれでは本末転倒です。

人間がやったほうが早いようなことは、人間がやればいいのです。ですが自分が「チョット面倒くさいナー」と思うようなことは、RPAに任せることを考えてみましょう。

業務に活かすにはどうすればいいか

●業務を「見える化」する

では、どの業務をRPAに任せればよいのでしょうか？　RPAは、できることに限りがあります。お客さんが来社しても、お茶は出せませんし、画期的なアイデアを会議で出してくれるわけでもありません。

ただ、得意なことは人間よりも速く処理してくれます。RPAには、どの業務が向いているのでしょうか。

業務について考えるには、まず**自分の仕事**を知る必要があります。

「自分の仕事くらい知っている！」と思われるかもしれませんが、いざ仕事を書き出してみようとすると、大半が抜けてしまう人がほとんどです。これは書き出してもらったものと実際に仕事を動画で撮った場合と比べれば一目瞭然です。

「今日は、なんだかバタバタしているうちに1日が終わってしまったなあ」と思うことはないでしょうか。

忙しく感じた割に、仕事は進んでおらず、提出間近なものも、まったく進んでいません。しかし、あなたはその間、遊んでいたわけではなく、多くの場合は、細々と処理することが重なって、気が付いたらその仕事で終わってしまっているだけなのです。

つまり、会社で働いている人の多くは、「××プロジェクト」「○○の仕事」というような明確な仕事だけで働いているわけではありません。 顧客への連絡や、社内での報告、部下への指示、仕事の下調べなど、**意識しづらい小さな作業**が、意外と時間を取っています。こうした作業は単純作業やルーチンの作業が多く含まれます。

ここで思い出してください。RPAは、単純作業が得意だったはずです。言い換えれば、RPAを使用して業務を楽にしようと思うならば、こうした些細なルーチンワークにヒントが隠れているということなのです。

まずは仕事を知るために、「今日やろうと思っていること」「1週間以内にやろうと思っていること」をすべて書き出してみてください。些細な仕事と思われることもすべて書くことです。

特に「毎日書く日報」や、「毎月の交通費の清算」などのルーチンの仕事や、「顧客の住所をWebサイトで調べる」「机の上を片づける」など「毎日やること」「つまらないこと」も意識して書き出してください。

すると、「これはUiPathでどうにかならないかな？」という思いつきが見えてくるでしょう。

Mon	Tue	Wed	Thu	Fri	Sat	Sun
		1 月初報告	2 A社 メール連絡	3	4	5
6	7 スケジュール制作	8	9	10	11 XX書作成	12
13	14 XX書作成	15	16 会社 メール発送	17	18	19
20	21	22 月報提出	23	24 交通費精算	25	26
27	28	29 XX書作成	30			

業務を書き出してみよう

●業務のブレイクダウン

本書では、毎回プロジェクトを作成する前に、やりたいことと実際の操作を書き出しました。

やりたいこと	実際の操作
❶作業内容を聞く	➡入力ダイアログを出す
❷時刻を記録する	➡回答時刻を取得する
❸Excelに書き込む	➡Excelに書き込む

業務のブレイクダウン

ワークフローを作成するためには、人間の実際の操作を**UiPathのアクティビティ**に置き換える必要があるからです。業務にRPAを取り入れる場合も同じです。自分で業務をUiPathのアクティビティに置き換えなければなりません。

たとえば、「メールの返事を出す」という業務ひとつ取っても、メーラー（メールを出すためのソフトウェア）を開き、受信箱から対象のメールを開く、メールの返信ボタンを押し、宛名を書き、返信の文面を考える……など、複数の操作に分かれます。

複数の操作に分けられる

最初のうちは、このように操作に分けるということが、なかなか慣れないかもしれませんから、様々な業務や行動を操作に分ける練習をしていくとよいでしょう。

こうした操作に分ける練習の中にも、UiPathを使うヒントがあります。

操作に分けながら、これはUiPathでできることだな、できないことだな、などと考えていくと、プロジェクトの作成のアイデアにもなります。

●UiPath活用術

UiPathを活用するには、「アクティビティをどう組み合わせるか」というアイデアがいかに浮かぶかにかかっています。

こんなアクティビティを使えば、こんなことができるということを紹介しましょう。

●交通費の自動計算

交通費を計算する時、乗り換えを調べられるサイトなどで「乗車駅」と「降車駅」を入力して、金額を確認している人も多いのではないでしょうか？

こうした作業は、UiPathを使えば簡単に自動化できます。

用意するのは、乗車駅と降車駅を入力したExcelシートです。それを第6章で説明したExcelアクティビティを使って読み込みます。そして［UI自動化］にある［ブラウザー］アクティビティを使って、乗り換えを調べられるサイトにアクセスして、乗車駅と降車駅を自動入力して検索します。

乗車賃が表示されてから、それを読み取り、Excelアクティビティを使って、セルに書き戻します。

こうした仕組みを作れば、乗車駅と降車駅を一覧で用意しておくだけで、それらの乗車賃をまとめて求められるようになります。

取引先のニュースリリースや更新情報のチェック

取引先のニュースリリースや更新情報などをいち早く知りたいこともあります。取引先が数社なら、自分の手でブラウザーを開いて確認できますが、10社以上にもなると、それを調べるのは大変です。そんな時にも、UiPathが助けてくれます。

［ブラウザー］アクティビティを使って、取引先のサイトにアクセスします。そして、その内容をファイルとして保存しておきます。次回、起動した時は、前に保存しておいた内容と、いまの内容が違うかどうかを比較して、違う内容をExcelシートなどにまとめます。

こうしておけば、まとめられたExcelシートを見るだけで、取引先に新しい情報が追加されたかどうかの判定ができます。

Webサイトの検索結果一覧の作成

検索サイトや、ショッピングサイト、オークションサイトのような、同じ形式の情報がいくつも並んでいる検索結果を利用したいこともあるでしょう。そうした時は、データスクレイピング*という機能を使うと、情報を取得することができます。

取得した情報をさらにWordやExcelなどで処理すると、使いやすくなります。

手書き文書の入力支援

少し複雑なので、本書では扱いませんでしたが、UiPathではOCRアクティビティを使うと、手書きの文字を読み取ることができます。

たとえば、手書きの申込書などをスキャンしてPDFにしておいて、それをUiPathで読み込みます。そしてそれをExcelなどに転記することで、入力支援ができます。OCRの精度の問題があるので完全な自動化は難しいですが、それでも、かなりの部分を自動入力し、違う部分だけ直せばよいので、入力効率は格段と高まります。

機械などの異常検知

UiPathでは、画像アクティビティに**検出**という機能があり、ある画像がパソコンの画面内に映り込んだかどうかをチェックできます。

主に「画面に、この画像が表示されたらクリックする」など、何かが表示されるまで待つ場合に使いますが、それ以外の使い方として、機械などの異常検知に使うやり方もあります。

* **データスクレイピング**　主にWebサイトのデータの一部を切り出して活用すること。

たとえば、故障した時は赤ランプが光る機器があるとします。こうした機器をパソコンに接続したカメラで撮影しておくのです。その撮影した画像をUiPathで監視します。あらかじめ、赤ランプが光った画像を用意しておいて、それと一致するような画像に変わったらメールを送信するなどの仕組みを作れば、機械の故障をメールで伝えるシステムができます。

誤差があるので、実際にどの程度の許容値でメールを送信するのかは、試行錯誤で決める必要がありますが、上手く調整すれば、実用的に使えるでしょう。

3 ユーザーガイドとコミュニティを使いこなそう

困った時に相談できるところは、ないですか？

ユーザーガイドやコミュニティを使うといいですよ！

UiPathには、ユーザーガイドとコミュニティが用意されています。これらを上手く使うと、困った時に大変頼りになるでしょう。

●ユーザーガイドとコミュニティを使いこなそう

UiPathで業務を自動化していく時に、どうしてもわからないことや、つまずいてしまうこともあると思います。そのような時に役立つのが**ユーザーガイド**と**コミュニティ**です。

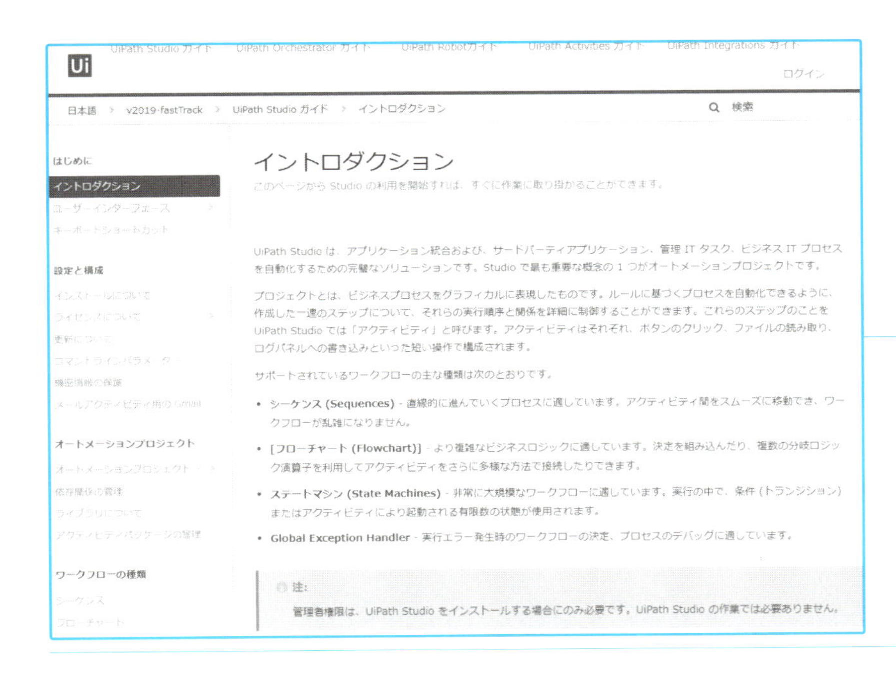

ユーザーガイド

ユーザーガイドには、機能や用語の解説がまとまっています。
UiPath Studioの右上、検索ボックスの隣の［?］マークからアクセスすることができます。

ユーザーガイドは日本語のほかに英語やフランス語、ドイツ語なども用意されています。もし日本語が表示されていない場合は、左上から選択すると言語が切り替わります。

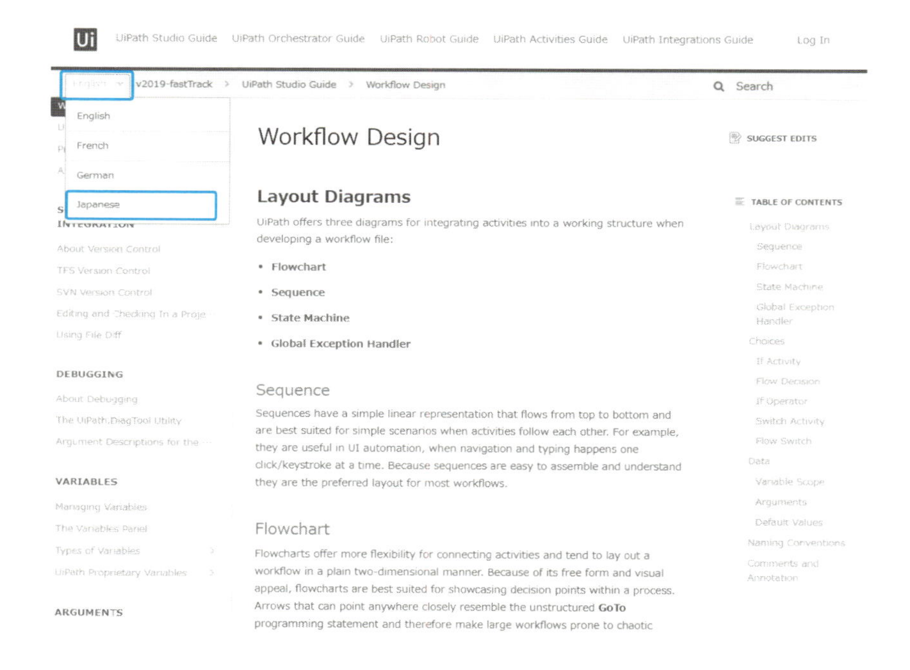

コミュニティは、ユーザーが集まり、意見交換ができる場です。公式サイトで用意されています。特に、日本カテゴリーでは、日本語で情報交換ができるので、参加するとよいでしょう。

日本category

https://forum.uipath.com/c/japan

質問する時には、自分の環境と状況を細かく書くようにしましょう。ワークフローの断片や、エラー内容も記載すると他の参加者が状況を把握しやすくなります。

ワークフローを右クリックして、［イメージとして保存］を選択すると、画像として保存できるので、上手く利用するとよいでしょう。

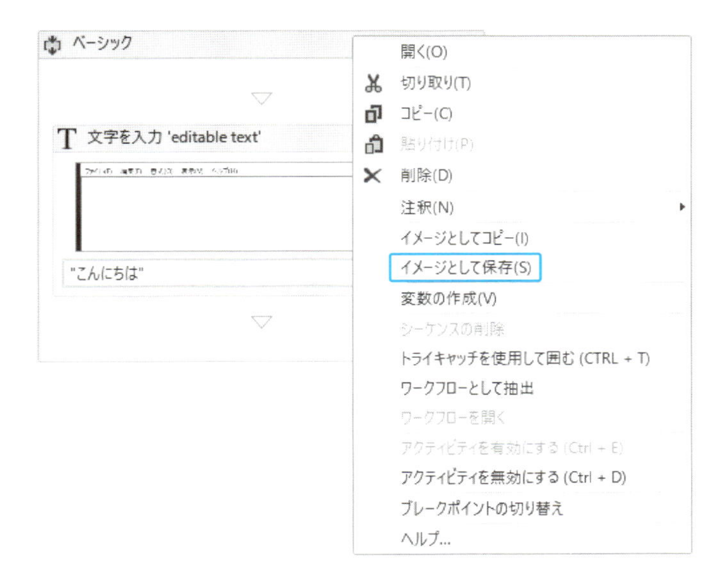

●あとがきにかえて

UiPath入門の基本編として、主にソフトウェアの基本的な使い方について解説してきましたが、「UiPathがどのようなものであるか」は、掴めてきたでしょうか。「習うより慣れろ」と言いますから、ここで取り扱った例以外にも、自分で工夫して、色々なプロジェクトを作ってみてください。プロジェクトを作っていくうちに、自分のやりたいことや知りたい知識が見えてくると思います。

本書では取り扱いませんでしたが、ループ（繰り返し）や、分岐を使用したり、メールやウェブブラウザ用のアクティビティを使えば、さらに幅広く複雑なことができるようになります。基礎に慣れてきたらそうした応用の機能にも挑戦してみると良いでしょう。

働き方改革は、ボンヤリ待っているだけでは実行できません。自分で、「何か」のアクションをしない限り現状は変わらないのです。仕事の内容も社会も自分の立場も年々変わっていきます。いつまでも「自分でやればいいや！」と残業ばかりしているわけにもいかないのです。

本書をきっかけに、あなたの仕事が少しでも楽になるように願っています。

Index
索引

記号

英字

あ行

か行

さ行

た行

な行

は行

ま行

や行

ら行

わ行

サンプルプログラムの使い方

サポートサイトからダウンロードできるファイルには、本書で紹介したサンプルプログラムを収録しています。

サンプルプログラムのダウンロードと実行

❶サンプルプログラムをダウンロードして解凍する

本文10ページの手順に従い、サンプルプログラム（UiPath_Sample.zip）をダウンロードし、解凍します。

❷サンプルプログラムを移動して、UiPath Studioで開く

解凍したサンプルプログラムを「C:¥Users¥（ユーザー名）¥Documents¥UiPath」フォルダーに移動した後、UiPath Studioのスタートリボンの［開く］をクリックし、該当のプログラムを指定します。

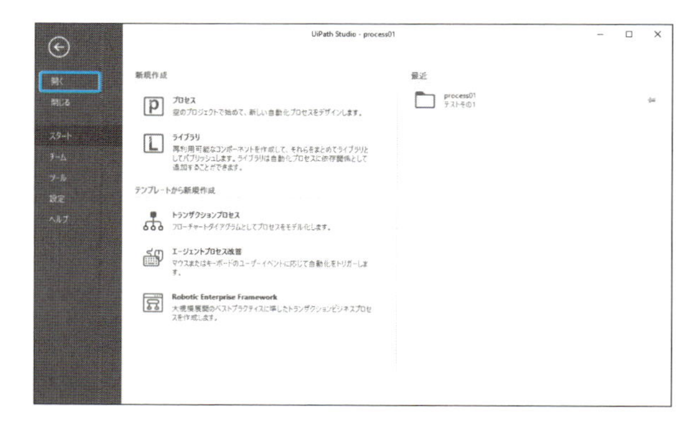

❸開くファイルを選ぶ

フォルダーの中の「project.json」を選択し、［開く］ボタンをクリックすると、サンプルプログラムがUiPath Studioに読み込まれます。

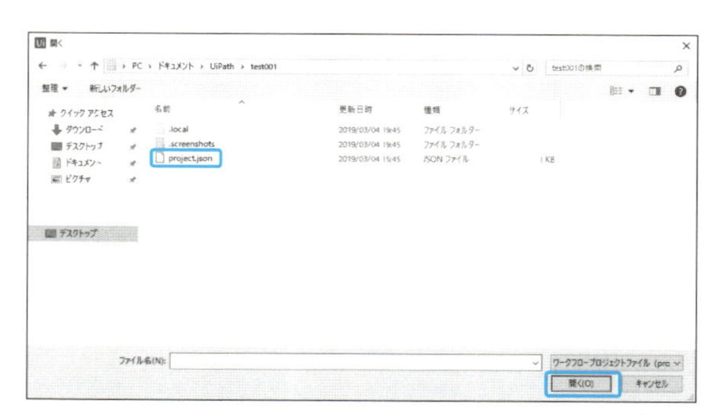

実行上の注意

実行するサンプルプログラムによっては、Microsoft ExcelやWordなど、その他のアプリケーションが必要になります。これらのアプリケーションについては、各自でご用意ください。

著者略歴

小笠原 種高（おがさわら しげたか）

テクニカルライター、イラストレーター。システム開発のかたわら、雑誌や書籍などで、データベースやサーバ、マネジメントについて執筆。図を多く用いたやさしい解説に定評がある。綿入れ半纏愛好家。最近は、タマカイと豹が気になる。

・Websサイト
　モウフカブール http://www.mofukabur.com

・主な著書・ウェブ記事
『なぜ？がわかるデータベース』（翔泳社）、『これからはじめる MySQL入門』（技術評論社）、『ゼロからわかる Linux Webサーバー超入門』（技術評論社）、『ミニプロジェクトこそ管理せよ！』（日経 xTECH Active他）、『256（ニャゴロー）将軍と学ぶWebサーバ』（工学社）、『よくわかる最新スマートフォン技術の基本と仕組み』『情報セキュリティマネジメント』（秀和システム）
ほか多数

天野 きいろ（あまの きいろ）

人気塾講師を経て、システム開発屋に転身。SE業務に追われながら社内外の研修も担当。部屋が技術書で埋もれそうなのが最近の悩み。好きな食べ物は田楽。

・twitter
　@yellow3bmarine

special thanks
プラントイジャパン株式会社
https://plantoysjapan.co.jp/

※本書の内容につきまして、プラントイジャパン株式会社にお問い合わせいただくことは、御遠慮ください。

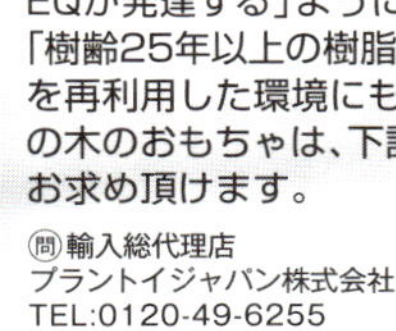

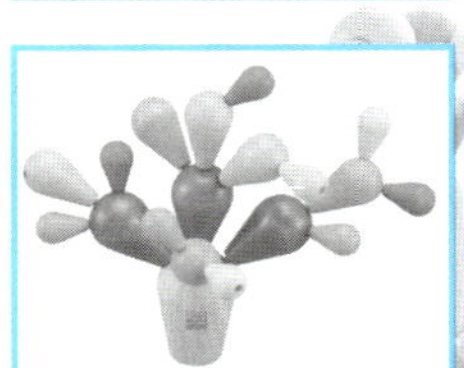

●執筆協力　大澤 文孝、浅居 尚、いもの いもこ
●本文イラスト　小笠原 種高
●カバーデザイン　成田 英夫（1839DESIGN）

RPAツールで業務改善！
UiPath入門 基本編

発行日　2019年　4月　5日　　第1版第1刷

著　者　小笠原 種高／天野 きいろ
監　修　UiPath株式会社

発行者　斉藤　和邦
発行所　株式会社　秀和システム
〒104-0045
東京都中央区築地2丁目1－17　陽光築地ビル4階
Tel 03-6264-3105（販売）　Fax 03-6264-3094
印刷所　図書印刷株式会社　Printed in Japan

ISBN978-4-7980-5712-5 C3055